Die Bevölkerung Hamburgs

Berufstätigkeit,
Handel, Industrie,
Einkommen, Vermögen,
Wohnungs- und Lebensmittelbedarf

von

Fred. S. Baumann

Mit einem Tabellenanhang

Hamburg
L. Friederichsen & Co.
1919

Von demselben Verfasser sind in unserem Verlage erschienen:

„Groß-Hamburg“. Mit 2 Kartenskizzen. Preis Mk. 1.65.

„Karte von Hamburg und den umliegenden preußischen Gemeinden“. 1 : 100000. Preis Mk. 1.65.

Inhaltsverzeichnis.

Tabellenanhang.

1. Einleitung.

Schon seit längeren Jahren hat ein Bedürfnis in Hamburg nach einer kurzen, und entsprechend der Abneigung eines größeren Lesepublikums, nicht allzusehr mit Zahlen belasteten Darstellung der Entwicklung der hamburgischen Bevölkerung, ihrer Tätigkeit und ihres Bedarfs bestanden; denn die Veröffentlichungen des statistischen Amtes konnten bei ihrer wissenschaftlichen Form und dem an sich trockenen Charakter des Stoffes nicht bei einem größeren Kreise Eingang finden[1].

Bei der außerordentlichen Bedeutung, den diese elementaren Tatsachen der Politik gerade in dem jetzigen Augenblick haben, ist der Versuch gemacht worden, sie hier in knappen Umrissen darzustellen. Es mußte dabei auf wissenschaftliche Ausführung und Vollständigkeit verzichtet werden. Ganz ohne Zahlen und Tabellen war die Aufgabe natürlich nicht zu lösen, jedoch ist ein großer Teil des Zahlenmaterials aus dem Text in den Anhang verwiesen, um den Zusammenhang nicht zu unterbrechen. Die gegebenen Nachweise werden genügen, jedem, der in den Stoff eindringen will, dies zu ermöglichen. Die Aufgabe ist für alle, die sich eingehender mit der politischen und wirtschaftlichen Lage Hamburgs befassen wollen, sehr lohnend, denn das Material gibt einen Überblick über das Inventar an Produktivkräften, die zum Wiederaufbau der Hamburger Wirtschaft zur Verfügung stehen. Bei den vielen Berührungspunkten des Stoffes mit dem pulsierenden politischen Leben mußten auch einzelne besonders wichtige Tagesfragen im Rahmen der Darstellung einbezogen werden.

Bei der Bearbeitung des Materials kommt einem eindringlich zum Bewußtsein, ein wie unnatürlicher Zustand durch die gegenwärtigen Grenzen geschaffen ist. Altona, Wandsbeck, Wilhelmsburg und Harburg bilden für Konsum und Produktion eine wirtschaftliche Einheit. Dies tritt bei der weiter unten berührten Differenz der

[1] Eine Ausnahme machen die neuerdings erscheinenden Stat. Mitteilungen über den Hamburger Staat, vgl. Nr. 5, 6, 7.

Ergebnisse der Berufs- und Betriebszählung hervor. Insbesondere ist diese Trennung für die arbeitende Bevölkerung unerwünscht, da teilweise die preußischen Gemeinden in andere Lohntarifbezirke fallen. Das Gewerkschaftskartell hat schon aus diesem Grunde Altona und Wandsbeck in ihren Organisationsbezirk einbezogen.

Auf die technischen Fragen der Aufnahme einer Statistik soll hier nicht weiter eingegangen werden. Es mag der Hinweis genügen, daß bei der Einordnung des Materials in verschiedenen Klassen natürlich viele Grenzfälle vorkommen, deren Zugehörigkeit zu der einen oder anderen Gruppe zweifelhaft ist. Die gegebenen Zahlen beziehen sich, wenn nicht ausdrücklich anderes bemerkt, auf den Staat und nicht auf die Stadt.

Ausgangspunkt für alle wirtschaftliche Betätigung sind letzten Endes die Arbeitsfähigkeit und die Bedürfnisse der Bevölkerung, deswegen ist ihre zahlenmäßige Entwicklung und ihre Gliederung nach verschiedenen Gesichtspunkten hier an erster Stelle behandelt worden. Vor allem ist auf die Schnelligkeit des Wachstums Hamburgs in den letzten Menschenaltern hinzuweisen, da sie für die Beurteilung des Hamburger Verwaltungs- und Verfassungslebens von Bedeutung ist. Eine Untersuchung der allgemeinen Ursachen mit den besonderen in Hamburg wirkenden Einflüssen, die zu der großstädtischen Zusammenballung geführt haben, ist für einen Rückschluß auf die weitere Entwicklung von Belang.

Die Gliederung der Bevölkerung nach Beruf und Betrieben ist in diesem Augenblick von besonderem Interesse, da zu dem wirtschaftlichen Moment noch ein politisches hinzutritt: die Organisation der erwerbstätigen Bevölkerung, die alle Arbeiter umfaßt, zu einer Mitberatung in den Fragen des Wirtschaftslebens.

Die Betrachtung der Berufs- und Betriebsgliederung der Bevölkerung ist insbesondere allen denen zu empfehlen, die zu der Möglichkeit einer Sozialisierung der Betriebe Stellung nehmen wollen.

Von großer Wichtigkeit für das gewerbliche Leben ist die Frage der Betriebskraft, Art und Umfang ihrer Verwendung. Eine besondere Bedeutung erhält die Frage durch das Energiemonopol des Reiches. Um für die Hamburger Verhältnisse ein Bild zu geben, ist auf Grund des Materials von 1907 ein kurzer Überblick gegeben.

Weiterhin wird das hamburgische Volkseinkommen- und vermögen und seine Verteilung auf die einzelnen Einkommenklassen gestreift. Die Deckung des Finanzbedarfs in Deutschland wird außerordentliche Anforderungen an alle Volkskreise stellen. Zum Vergleich können allerdings nur mit großer Vorsicht die vor dem Kriege bestehenden Verhältnisse herangezogen werden, da seitdem erhebliche Änderungen des Geldwertes stattgefunden haben. Die Bewertung der vorhandenen Einrichtung wird nicht mehr von ihren Anlagekosten, sondern von den jetzigen Reproduktionskosten auszugehen haben. Bei Würdigung der hier gegebenen Zahlen ist dieses im Auge zu behalten. Die Deckung des Steuerbedarfs ist dabei eine Frage, die nicht für sich behandelt werden kann, sondern nur im Rahmen der allgemein wirtschaftlichen Verhältnisse Hamburgs; denn die Ergiebigkeit einer Steuer ist von der Hebung der Produktionsverhältnisse abhängig. Hier ist der Hebel bei allen Bestrebungen zur Besserung der Staatsfinanzen anzusetzen.

Von größter Wichtigkeit bleibt auch fernerhin die Lebensmittelfrage für Hamburg. Eine Beruhigung der innerpolitischen Lage, namentlich der Großstädte, darf vor Sicherstellung einer auskömmlichen Ernährung der Volksmassen nicht erwartet werden. Die Frage läuft darauf hinaus, ob es Deutschland möglich sein wird, seine hohe Bevölkerungsziffer auf eigner Ernährungsbasis aufrecht zu erhalten, oder ob wir den Erscheinungen einer riesigen Übervölkerung, die starke innerpolitische Folgen zeitigen muß, entgegengehen. Schon jetzt darf man annehmen, daß nach Freigabe des Überseeverkehrs eine Auswanderung explosionsartig einsetzen wird[1]. Aus diesem Grunde ist in diesem Rahmen auch die Lebensmittelversorgung Hamburgs berührt worden. Sie soll ein Bild geben, welche Lebensmittelmengen zur Deckung des Großstadtsbedarfs erforderlich sind.

Für die weitere dringende Frage der Gegenwart, die Wohnungsnot, ist ebenfalls Material beigebracht worden. Sie zeigt den Bedarf an Kleinwohnungen.

2. Die Wohnbevölkerung Hamburgs.

Bei Beginn des 19. Jahrhunderts zählte der Hamburger Staat etwa 132 000 Einwohner, auf das Land entfielen hiervon 16 000. Im wesentlichen hatte das Staatsgebiet denselben Umfang wie jetzt, abgesehen von dem „beiderstädtischen Amt Bergedorf“, das später (1867) hinzugetreten ist. Daß Hamburg in seiner wechselvollen Entwicklung je eine grössere Einwohnerzahl aufgewiesen hat, läßt sich nicht nachweisen. Im Mittelalter entsprach die Größe Hamburgs dem damaligen Typus einer bedeutenderen Stadt, sie betrug etwa 20 000 Einwohner (1479), bei diesen Zahlen darf man na-

[1] Über die frühere Auswanderung Deutschlands vgl. die Schrift Ing. Ligocki „6 Millionen verloren“ Berlin 1919.

türlich nicht heutige Maßstäbe anlegen. Bei der sehr geringen Bevölkerungsdichtigkeit der kleinen Zahl der vorhandenen Städte ist dementsprechend der Einfluß der städtischen Zentren hoch zu bewerten gewesen.

Erst mit der neuzeitlichen Entwicklung der Verkehrsmittel, insbesondere des Eisenbahnwesens, war die technische Grundlage für eine moderne Großstadtbildung mit ihrem großen täglichen Bedarf an Nahrungsmitteln gegeben. Bei primitiven Verkehrszuständen wäre der Transport dieser Mengen nur unter ungewöhnlich günstigen Umständen zu bewältigen gewesen.

Mit der Verbesserung des Verkehrswesens in Deutschland, Mitte des 19. Jahrhunderts, machte sich auch in Hamburg ein schnelleres Anwachsen der Bevölkerung bemerkbar. Mit der treibhausartigen Entwicklung des Eisenbahnwesens setzte der „Zug nach der Großstadt" nicht allein der Menschen, sondern auch der Sachgüterproduktion ein.

Die Ursachen dieser großen Binnenwanderung, die in zwei Menschenaltern eine völlige Umschichtung Deutschlands bewirkten, sind noch nicht erschöpfend klargestellt. Die großen städtischen Zusammenballungen, die überall im Bereich der europäischen Kultur in kurzer Zeit entstanden sind, lassen sich nicht allein mit der Phrase erklären, daß das Volk „zum Vergnügen" nach der Großstadt renne. Auch ist durch ein angeblich allgemeines Gesetz, daß die Strömung der Bevölkerungsbewegung sich nach dem „Ort des niedersten sozialen Druckes" bewegt, die Frage nicht abgetan, vielmehr scheinen notwendige Standortserscheinungen einer bestimmten Stufe ökonomischer und technischer Entwicklung bei einer bestimmten gesellschaftlichen Ordnung der Wirtschaft vorzuliegen. Es ist eine noch nicht genauer geprüfte Frage von sehr großer Tragweite, inwieweit bei Veränderung oder Weiterentwicklung dieser genannten Faktoren eine Änderung der Bevölkerungsbewegung vielleicht in rückläufigem Sinne eintreten kann. Für Hamburg ist auch noch der Einfluß der geographischen Lage als günstigster Umschlagplatz für den See- und Binnenschiffahrtsverkehr für einen größeren Teil Mitteleuropas in Rechnung zu setzen.

Eine Vorstellung von dem Wachstum der Hamburger Bevölkerung gibt die Tatsache, daß in der Zeit von 1800—1871 die Bevölkerung sich rund verdreifacht hat und seitdem durch ein Anwachsen auf 1015000 im Jahre 1910 sich wieder verdreifachte. Die letzte Zunahme mit einem Zuwachs von 676000 Personen in 39 Jahren fällt allerdings erheblich mehr ins Gewicht, als die erste, wo in 71 Jahren eine Zunahme von absolut nur 223000 Personen stattgefunden hat. Aus diesen Zahlen geht die Größe der Aufgabe hervor, die dem stadtstaatlichen Verwaltungsapparat und dem Wirtschaftsleben in den letzten beiden Menschenaltern gesetzt war. Wenn in manchen Punkten die Organisation der Verwaltung mit den Anforderungen des Bevölkerungswachstums nicht hat Schritt halten können, so ist dieses aus der Schnelligkeit der Entwicklung leicht zu erklären.

Im einzelnen ist die Bevölkerungszunahme in der Zeit von 1866 an in der Anlage dargestellt. Sie hat sich ziemlich stetig vollzogen. Die Aufstellung zeigt die wichtige Tatsache, daß von der Bevölkerungsvermehrung in den Jahren 1867—1910 von 306 000 auf 1 014 000 nur 290 000 aus dem Geburtenüberschuß herrühren, dagegen fast die doppelte Anzahl aus der Zuwanderung herstammt.

Denn seit Ende des vorigen Jahrhunderts ist die Entwicklung der Bevölkerungsbewegung Hamburgs wie auch die ganz Deutschlands gekennzeichnet durch einen starken Rückgang der Geburtenziffer auf der einen und einen noch stärkeren der Sterbeziffer auf der anderen Seite. Der natürliche Zuwachs[1] der Bevölkerung zeigte in dem Zeitraum von 1870—79 eine Geburtenhäufigkeit, auf 1000 Personen gerechnet, zwischen 38 und 40. Diese Ziffer sank aber um 1890 auf 35, 1900 auf 30, 1910 auf 25, um im Kriegsjahr 1915 den allerdings anormalen Tiefstand von 16 ‰ zu erreichen. Trotz der erheblichen Zunahme der Bewohner ist sogar die Grundzahl der Geborenen seit dem Jahre 1909 zurückgegangen. Zugleich macht sich das Sinken der Zahl der Eheschließungen auf 1000 Personen gerechnet, bemerkbar. Während sie in den 70er Jahren etwa 11 ‰ betrug, stand sie vor dem Kriege auf 8,5 ‰. Bei Wertung dieser Ziffern ist allerdings im Auge zu behalten, daß die Geburten- und Ehehäufigkeit sich nicht gleichmäßig über das ganze Staatsgebiet verteilen. Von der Verschiedenheit dieser Ziffern geben die jährlich vom Statistischen Amte veröffentlichten Aufstellungen über Verteilung der Eheschließungen, Geburten, Sterbefälle und Einwohnerzahl in der Stadt und in Gebietsteilen Zeugnis.

Von Bedeutung für den Volkshygieniker ist die Verteilung der Eheschließungen, Geburten und Todesfälle auf die einzelnen Monate im Jahre. Hierüber finden sich ebenfalls in den jährlichen Berichten des statistischen Amtes eingehende Aufstellungen. Ein sehr reichhaltiges Material über die vorerwähnten Punkte bietet auch die Jahrhundertschrift des Medizinalamtes[2] und die jährlichen Berichte des Medizinalamtes.

Der Anteil der unehelichen Geburten an der Geburten-

[1] Vgl. Darstellung auf S. 10.

[2] Die Gesundheitsverhältnisse Hamburgs im 19. Jahrhundert, Hamburg 1901, Verlag Leopold Voß.

Die Sterbefälle und Geburten im Staate Hamburg 1821—1915.

(Auf 1000 Einwohner berechnet.)

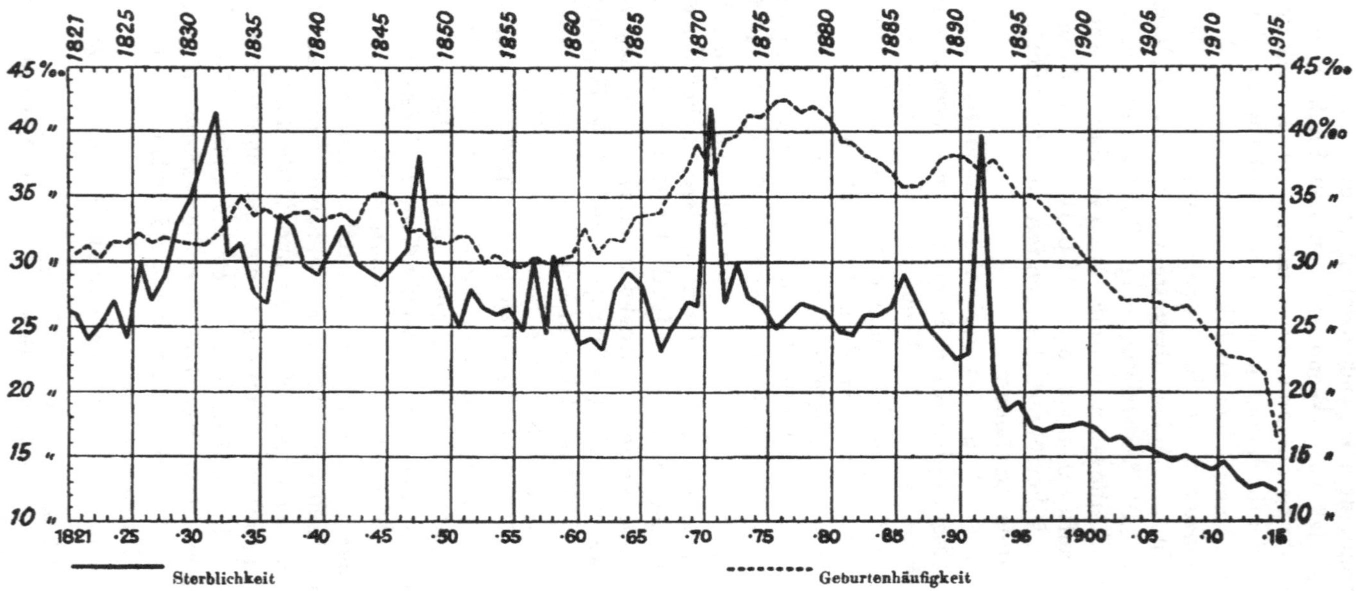

ziffer weist seit 1870 eine Steigerung auf, während er im Jahresdurchschnitt der 70er Jahre kaum 10 % betrug, steigt er im letzten Jahrzehnt des vorigen Jahrhunderts auf 11 % und von da ab rapide in den Jahren 1900—1914 auf 14 %.

Diese Ziffern der Bevölkerungsbewegung sind von dem größten Einfluß auf die zukünftige Entwicklung, sie haben vor dem Kriege eine große Literatur über die Ursachen des Geburtenrückganges gezeitigt. Es handelt sich darum, ob die Gründe physischer Art und in einer Verschlechterung der Rasse sowie Ausbreitung der Geschlechtskrankheiten zu suchen sind oder ob nicht vielmehr psychische Momente eine ausschlaggebende Rolle spielen. Als solche kämen einmal Erwägungen über die Vorteile der Beschränkung der Kinderzahl im Hinblick auf die wirtschaftliche Lage der Eltern und Kinder in Frage. Ferner wird die Genußsucht, die verbreitete Kenntnis der Präventivtechnik und der Emanzipation der Frau für diese Auffassung geltend gemacht.

Es handelt sich um ein volkswirtschaftliches und innerpolitisches Problem ersten Ranges, das im Zusammenhang mit der Frage des Nahrungsmittelspielraums des Volkes und der drohenden Übervölkerung steht. Unmittelbar praktische Folgen hat die prinzipielle Stellung zum Bevölkerungsproblem in Fragen der Gehaltspolitik. Ist es im Staatsinteresse, daß allen verheirateten Beamten mit jedem Kind eine Gehaltsaufbesserung zuteil werden soll oder nicht? Hierbei wäre die unausbleibliche Rückwirkung einer solchen Gehaltsregelung auf die Entlohnung der Privatbeamten und allgemeine Lohnverhältnisse in Betracht zu ziehen, auch dort würde sich ein Streben nach einer Entlohnung nach denselben Gesichtspunkten geltend machen.

Gegenüber dieser Entwicklung der Geburtenziffer zeigt die allgemeine Sterblichkeitsziffer[1] seit 1888 einen erfreulichen Rückgang. Während sie bis dahin im Durchschnitt etwa 26 auf 1000 jährlich betrug, fiel sie von dann an fast gleichmäßig auf den Stand von 12 % (1913—1915). In den Jahren 1871 zeigte sie 38 % infolge einer Blatternepidemie, 1873 mit 29 % und 1892 mit 39 % infolge Choloraepidemien außergewöhnliche Ziffern. An der Verbesserung des gesundheitlichen Zustandes der Bevölkerung hat vor allem die bessere Trinkwasserversorgung und die Sanierung der Altstadt, insbesondere auch der Abbruch des Hafenviertels für den Zollanschluß Anteil. Mit der jetzigen Ziffer steht Hamburg mit einer Sterblichkeitsziffer von 13 % in Linie mit den gesündesten Großstädten.

Neben dem Rückgang der allgemeinen Sterblichkeitsziffer

[1] Vgl. Darstellung auf S. 10.

zeigt sich seit Beginn der 90er Jahre als besonders erfreuliche Erscheinung ein starkes Sinken der Säuglingssterblichkeit. Allerdings trifft dieser Rückgang im wesentlichen nur auf die ehelich Geborenen zu, während bei den unehelichen ein wesentlich höherer Prozentsatz besteht. An dem Rückgang der Säuglingssterblichkeit sind neben der allgemeinen Verbesserung der Lebenshaltung die Maßnahmen für Säuglingsschutz und auch für bessere Milchversorgung beteiligt. Infolge dieses Sinkens der Säuglingssterblichkeit ist der Geburtenrückgang zum größten Teil wett gemacht worden.

Ob der allgemeine Rückgang der Sterblichkeit noch weiterhin gesteigert werden kann, ist zweifelhaft, Fortschritte können jedenfalls durch Schaffung gesunderer Wohnstätten zur Bekämpfung der Tuberkulose und durch Maßnahmen gegen andere Volkskrankheiten erzielt werden. Lehrreich in dieser Beziehung sind die Aufstellungen über die Todesursachen, die jährlich vom Medizinalkollegium für das Hamburger Staatsgebiet veröffentlicht werden. Aus ihnen ergibt sich, daß noch immer durch Infektionskrankheiten eine große Anzahl Personen im widerstandsfähigen Alter dahingerafft werden. Hier hätten Maßnahmen vom volkshygienischen Standpunkt einzusetzen.

Den Hauptanteil an der Bevölkerungsvermehrung hatte, wie oben festgestellt wurde, die Zuwanderung. Ihre Folge ist, daß die Hamburger Bevölkerung über die Hälfte aus nicht gebürtigen Hamburgern, die zum größten Teil auch ihre fremde Staatsangehörigkeit beibehalten haben, besteht. In Hamburg waren nur 48 % geboren, aus dem Reiche sind 49 % zugewandert und der Rest von 3 % war im Ausland geboren. Aus Schleswig-Holstein stammten 15 %, aus Hannover und aus Mecklenburg je 6 %.

Die Verteilung der Zuwanderung auf die einzelnen Berufsarten ist vom statistischen Amt aufgenommen worden[1]. In absoluten Ziffern stammten von der Zuwanderung 200 000 Personen aus ländlichem Gebiet (Gemeinden unter 2000 Einwohner), gebürtige Ausländer waren 27 000.

Bemerkenswert ist, daß von den in öffentlichem Dienst und freien Berufen (Berufsabteilung E) tätigen 71 % fremd- und davon 4 % im Ausland geboren sind. Es deutet dies auf ein Zuströmen der Intelligenz nach den Großstädten hin. Von größerem Einfluß als ziffernmäßig festgestellt ist, ist der Einfluß der Israeliten. Ihren Religionsbekenntnissen nach zählten dazu etwa 20 000. Der rassenmäßige Anteil ist natürlich bedeutend größer.

Die Zusammensetzung der Bevölkerung führt zu den inter-

[1] Vgl. Stat. Mitteilungen über den Hamb. Staat Nr. 3.

essanten, noch wenig bearbeiteten Fragen, in welcher Weise sich die rassenmäßigen Erbqualitäten der Bevölkerung im Laufe der bisherigen Entwicklung durch Einwanderungen verändert haben. Sie berühren das Problem der qualitativen Abhängigkeit der Industrie von ihren Arbeiterstämmen.

Als Ergebnis der natürlichen Bevölkerungsbewegung und der Zuwanderung stellte sich der Altersaufbau der Bevölkerung 1910 auf:

im Alter von	Männer	Frauen	Personen überhaupt	mehr Frauen
0—15	141 963	139 882	281 845	— 2 081
15—25	94 971	100 657	195 628	+ 5 686
25—50	202 593	188 647	391 240	— 13 946
50—70	56 895	66 401	123 296	+ 9 506
15—70	354 459	355 705	710 164	+ 1 246
über 70	8 480	14 175	22 655	+ 5 695
Überhaupt	504 902	509 762	1 014 664	+ 4 860

Gegenüber dem Reichsdurchschnitt tritt ein Überwiegen der produktiven Altersklassen hervor. Nimmt man die Altersgruppe von 15—70 Jahren als erwerbsfähig an, so entfallen auf sie im Jahre 1910 im Durchschnitt beider Geschlechter 70 % (1905 — 68 %). Dieses stärkere Hervortreten der erwerbsfähigen Altersklassen beruht auf Zuwanderung, die oben dargestellt ist. Im Gegensatz zu Hamburg zeigte die Provinz Posen mit einem Anteil von nur 56 % der erwerbsfähigen Altersklassen und einem Prozentsatz von 40 % der Jahrgänge 1—15 den Typus eines Auswanderungslandes.

Zur Darstellung der ungleichen Verteilung der Geschlechter in den Altersgruppen sind in der Übersicht die absoluten Zahlen für das Jahr 1910 angeführt. Es zeigt sich bei der näheren Betrachtung, daß das Überwiegen des weiblichen Geschlechtes durchaus nicht gleichmäßig in allen Altersklassen ist, sondern erst bei den älteren Jahrgängen in Erscheinung tritt. Deswegen ist es völlig unrichtig, nach diesem Gesamtüberschuß des weiblichen Geschlechts die Heiratsaussichten für dieses zu beurteilen.

Bei Betrachtung der Hamburger Ziffern ist der Einfluß der gewerblichen Tätigkeit zu veranschlagen. Während im Reich bei der über 18 Jahre alten Bevölkerung das weibliche Geschlecht mit etwa 5 % überwiegt, hat in Hamburg die starke Werft- und Hafenarbeiterschaft diese Ziffer auf 1,18 % herabgedrückt. In Berlin dagegen schnellt die Ziffer unter dem Einfluß des Konfektionsgewerbes und der Halbwelt auf 10,26 % hinauf; andererseits überwiegt in vielen Industriestädten das männliche Geschlecht, so in Remscheid mit 9 % und Mühlheim a./Ruhr mit 11 %.

Den einzelnen Familienstandsklassen[1] gehörten 1910 an:

	Männliche %	Weibliche %
Ledige	58,69	52,74
Verheiratete	38,54	38,12
Verwitwete	2,32	8,41
Geschiedene	0,45	0,73
	100 %	100

Die große Anzahl der Witwen ist eine Parallelerscheinung zu der oben festgestellten Tatsache, daß in den höheren Jahresklassen das Überwiegen des weiblichen Geschlechts vor allem hervortritt.

Die gesundheitlichen Verhältnisse der Hamburger Bevölkerung, soweit Infektionskrankheiten in Frage kommen, haben eine anschauliche Darstellung in den Jahresberichten des Medizinalamtes gefunden, wo insbesondere auch die Verteilung der Erkrankungen auf die Stadtteile an Hand von Skizzen vorgeführt wird. Bei dem volkswirtschaftlichen Wert der Arbeitskraft eines jeden Einzelnen ist es aber von Wichtigkeit, weitergehend über alle Erkrankungen der Bevölkerung fortlaufend unterrichtet zu sein. Abgesehen von dem Gesichtspunkt der Krankheitsbekämpfung sprechen rein wirtschaftliche Momente hier mit; denn die Krankentage der Erwerbsfähigen sind eine Last, die von der Allgemeinheit, organisiert in den Krankenkassen, getragen wird[2]. Diese hat ein dringendes Interesse, durch sozialhygienische Maßnahmen den gesundheitlichen Zustand der Bevölkerung zu heben. In den Jahresberichten der Krankenkassen ist hierüber wertvolles Material enthalten, das noch der Bearbeitung harrt. Ein großer Fortschritt auf diesem Gebiet ist vor einigen Monaten in Hamburg erreicht worden durch Bildung eines Krankenkassenausschusses, der fast sämtliche Orts- und Betriebskrankenkassen umfaßt und die Zentrale für die einheitliche Bearbeitung des bei den einzelnen Kassen eingehenden Materials bildet.

Die intensivste vorbeugende Bekämpfung von Volkskrankheiten durch sozialhygienische Maßnahmen ist nicht nur vom menschlichen Standpunkt aus zu wünschen, sondern auch im Hinblick auf die großen staatlichen Aufwendungen für Krankenhäuser, Irrenanstalten und Hilfsschulen aus wirtschaftlichen Gründen ein dringendes Gebot.

[1] Ausführliche Tabelle über Altersaufbau und Familienstand siehe Bericht 1911 S. 5.

[2] Vgl. Jahresberichte der Behörde für das Versicherungswesen über Krankenkassenstatistik.

Über die Einschränkung der Berufskrankheiten und der Betriebsunfälle durch die Vorschriften der Berufsgenossenschaften befindet sich in den jährlichen Berichten der Gewerbeinspektion und der Polizeibehörde Material.

Auf den natürlichen Bevölkerungswechsel in der Heimat hat der Krieg[1] einen großen Einfluß ausgeübt, und zwar hinsichtlich der Eheschließungen, der Geburten und der Sterbefälle.

Bei den Geburten trat ein Ausfall von über $^1/_3$ ein, der sich im zweiten Jahre auf über 50 % erhöhte und schließlich gegen 60 % erreichte. Die absoluten Ziffern für den Staat betrugen rund

1914	23 000	1916	12 000
1915	18 000	1917	10 000.

Auf die Wohnbevölkerung berechnet, stellte sich also ein Rückgang gegenüber dem Durchschnitt von 1904—1913 mit 24 % und dem Durchschnitt von 1914 mit 21 % auf 16 % in 1915, 11 % in 1916 und 9 % in 1917 dar. Bemerkenswert ist, daß aus der Statistik deutlich der Einfluß der stärkeren Beurlaubung zu Weihnachten und Ostern erkennbar ist. Gleichlaufend mit dem Hamburger Geburtenrückgang ging eine erhebliche Zunahme der Sterbefälle der Zivilbevölkerung. Sie betrug in den Jahren 1914 bis 1917 insgesamt nur 10,1 %. Betrachtet man jedoch die Altersgruppen gesondert, so stellt sich heraus, daß eine stärkere Zunahme bei den Erwachsenen, insbesondere bei den alten Leuten mit 50 % stattgefunden hat.

Die Säuglingssterblichkeit ist dagegen sowohl absolut, wie auch in dem Verhältnis zu den Lebendgeborenen zurückgegangen.

3. Die erwerbstätige Bevölkerung Hamburgs.

Auf die politische und wirtschaftliche Bedeutung der Berufs- und Betriebsgliederung der Hamburger Bevölkerung ist schon eingangs hingewiesen. Aus ihr ergeben sich die Möglichkeiten einer Vertretung der erwerbstätigen Bevölkerung, mag sie rein wirtschaftlicher oder politischer Art sein.

Zur Verfügung steht leider nur das schon etwas veraltete Material von der Berufs- und Betriebszählung von 1907. Die Ergebnisse der Zählung, die im Jahre 1916 in Hamburg stattgefunden hat und insbesondere über die durch den Krieg in den einzelnen

[1] Vgl. Stat. Mitt. über den Hamb. Staat Nr. 5.

Berufszweigen bewirkte Verschiebung Aufschluß geben soll, sind noch nicht veröffentlicht. Somit bietet das Material von 1907 noch immer den besten Überblick über die relative Bedeutung der einzelnen Berufsgruppen zueinander, worauf es hier in erster Linie ankommt. Nur in der Metallverarbeitung haben unter Einfluß des Seekrieges erhebliche Verschiebungen stattgefunden, die eine große Zunahme der Werftarbeiterschaft zur Folge hatten.

In der Berufszählung sind lediglich die in Hamburg wohnhaften Berufstätigen aufgeführt. Bei den Betrieben dagegen alle in Hamburg beschäftigten, wenn auch auswärts wohnenden Personen. Aus dieser Verschiedenheit der Aufnahme erklärt sich der Unterschied der Zahlen zwischen Berufstätigen und den in den Betrieben desselben Berufes beschäftigten Personen. Im folgenden ist eine Übersicht über die in den einzelnen Berufsabteilungen im im Jahre 1907 tätigen Personen der Wohnbevölkerung gegeben. Die weitere Unterteilung in die einzelnen Berufsarten ist aus der Anlage 3 im Anhang zu entnehmen.

Die hamburgische Bevölkerung nach dem Beruf am 12. Juni 1907.

Berufsabteilungen	Erwerbende überhaupt	Erwerbende Prozent	Dienende	Angehörige	Berufsangehörige überhaupt	Berufsangehörige Prozent
A. Landwirtschaft, Gärtnerei	11 876	2,7	441	11 937	24 254	2,7
B. Bergbau, Industrie, Baugewerbe	164 952	38,0	5 902	182 051	352 905	39,1
C. Handel, Verkehr	162 543	37,4	14 832	181 535	358 910	39,7
D. Häusliche Dienste, Lohnarbeit wechselnder Art	16 051	3,7	56	9 360	25 467	2,8
E. Öffentlicher Dienst, freie Berufe	30 463	7,0	3 695	34 400	68 558	7,6
F. Von Vermögen, Pensionen od. Renten Lebende	31 360	7,2	6 079	17 222	54 661	6,0
a./9. Unterstützungsempfänger, nicht in ihrer Familie lebende Schüler usw., Anstaltsinsassen und Berufslose	17 430	4,0	1	1 133	18 564	2,1
Überhaupt	434 675	100,0	31 006	437 638	903 319	100,0

Das starke Zurücktreten der landwirtschaftlich tätigen Bevölkerung ist in einem Stadtstaat nicht verwunderlich. In der nächsten Umgebung der Stadt hat die bauliche Ausdehnung den Landwirt vertrieben. Das wichtigste landwirtschaftliche Gebiet von Hamburg sind die Vierlanden, in denen auch $^{3}/_{4}$ der landwirtschaftlich tätigen Bevölkerung ansässig ist. Gegenüber dem Reichsdurchschnitt von 32,5 % waren in Hamburg nur 2,65 % in dieser Berufsabteilung tätig.

Industrie und Gewerbe passen sich dem Reichsdurchdurchschnitt von 37 % an, allerdings treten sonst in Großstädten diese Berufszweige stärker hervor. In Berlin sind sie mit 50,8 %, in Düsseldorf mit 51,8 %, in Chemnitz sogar mit 64,8 % und im Durchschnitt der meisten anderen deutschen Städte mit 40 bis 44 % der Berufstätigen vertreten.

Wenn jedoch Hamburg in Bezug auf den relativen Umfang der gewerblich Tätigen hinter dem Durchschnittsgepräge einer deutschen Großstadt zurücksteht, so liegt das an dem starken Hervortreten von Handel und Verkehr. Gegenüber dem Reichsdurchschnitt von 11,4 % von dieser Berufsgruppe sind in Hamburg 36 % wohnhaft. In den Betrieben des Handels sind noch eine erheblich größere Anzahl von Personen beschäftigt, wie in der Berutszählung angegeben, da eine große Zahl der Geschäftsinhaber und der Angestellten auf preußischem Gebiet ihren Wohnsitz haben. Bei Berücksichtigung dieser Zahlen würde die Bedeutung des Handels und Verkehrs noch stärker hervortreten. Im Verhältnis zu anderen deutschen Städten steht Hamburg in Handel nnd Verkehr vorn an.

Die wechselnde Lohnarbeit, die in Abteilung D zusammengefaßt ist und Aufwärterinnen, Tagmädchen und Gelegenheitsarbeiter umfaßt, ist nicht in allen Städten gleichmäßig behandelt worden, sodaß es sich nicht empfiehlt Vergleiche zu ziehen.

Die im öffentlichen Dienst und freien Berufen tätigen Personen (Berufsabteilung G) treten in Hamburg nicht in dem Maße hervor, wie beispielsweise in Düsseldorf (16 %), Königsberg (14 %), München (18 %). Hamburg ist weder Beamten- noch Militärstadt. Die absolute Zahl der Beamten beträgt nach den neuesten Feststellungen 15.456, dazu kommen 27.668 Staatsangestellte und Staatsarbeiter. Hierbei sind Reichsbeamte nicht berücksichtigt.

Mit einer Anteilziffer von rund 7 % der Rentner steht Hamburg hinter dem Reichsdurchschnitt von 7,5 % zurück. Eine weitere Untersuchung ergibt, daß männliche Personen an der Ziffer von 7 % nur mit 3,2 % beteiligt sind. Im Gegensatz zu Hamburg weisen die Städte Königsberg einen Rentnerbestand von 12,2 %, Hannover von 9,8 % und die ausgesprochenen Rentnerstädte wie Wiesbaden und Freiburg i/Br. sogar von 15 und 20 % auf. Die vielfach vertretene Ansicht, daß die Hamburger durchschnittlich länger, d. h. bis näher an die lebenszeitliche Grenze der Kräfte, als die Bewohner anderer Orte zu arbeiten pflegen, wird hierdurch bestätigt.

Die in häuslichen Diensten beschäftigten Personen (Berufsabteilung G) machen 7 % der erwerbstätigen Bevölkerung aus. Dem Charakter ihrer Beschäftigung nach folgt, daß ihr relativer Anteil an der Bevölkerung einen Maßstab für die Wohlhabenheit eines

Ortes abgeben kann. In den Städten Frankfurt, Hannover, München beträgt im Vergleich zu Hamburg der Anteil der in häuslichen Diensten beschäftigten Personen 10,7, 9 und 8,14 %.

Von vielen Seiten wird der sozialen Gliederung der Bevölkerung ein großer Wert beigemessen und Verschiebung auf diesem Gebiet als tiefgehende Änderungen des Wirtschaftslebens angesehen. Betrachtet man jedoch die Bevölkerungskreise, die unter dem Begriff „Selbständige" zusammengefaßt werden und erkennt, daß der Inhaber einer Weltfirma neben einem sich mühsam durchschlagenden Handwerker von geringem Einkommen steht, so gewinnt man das richtige Augenmaß für die Tabelle. Eine Verminderung der Selbständigen ist festzustellen, jedoch vollzieht sich die Bewegung viel langsamer als meistens angenommen wird. Um ein Urteil über die Bedeutung dieser Erscheinung abzugeben, müßten Vergleiche über die Einkommensverhältnisse der verglichenen Selbständigen und Angestellten vorliegen. Stellt man nur die Zahl der Selbständigen und der ihnen gleichzuachtenden Betriebsleiter und der von Vermögen und Renten lebenden Personen den übrigen Erwerbenden, den Unselbständigen gegenüber, so ergibt sich folgende Aufstellung:

	1882		1895		1907	
	Zahl	%	Zahl	%	Zahl	%
Selbständige	57 303	26,87	70 128	22,56	85 077	18,98
Hausgewerbetreibende	1 887	0,88	2 576	0,83	4 042	0,90
Rentner	10 014	4,70	16 342	5,25	31 360	7,00
	69 204	32,45	89 046	28,64	120 479	26,88
Angestellte	14 159	6,64	27 891	8,97	59 979	13,38
Arbeiter, Dienstboten	129 925	60,91	193 969	62,39	267 793	59,74
Zusammen	213 288	100,00	310 906	100,00	448 251	100,00

Es geht hieraus einmal der starke relative Abfall des Anteils der Selbständigen hervor, obwohl ihre Zahl absolut zugenommen hat. Diese Ziffer ist von Wichtigkeit für die Maßnahmen der sog. Mittelstandspolitik, da dieser Kreis den Hauptanteil der Selbständigen stellte. Daß das Anwachsen des Rentnerstandes auf eine starke Anteilsziffer der Frauen zurückzuführen ist, wurde schon hervorgehoben. Daneben kommt noch der Einfluß der sozialen Versicherung zur Geltung, da auch Rentenempfänger hierunter einbegriffen sind. Auf die Verschiedenheit der sozialen Gliederung in den Berufsabteilungen Industrie und Gewerbe einerseits und Handel und Verkehr andererseits wird weiter unten eingegangen werden.

Über den Anteil der einzelnen Geschlechter im Berufsleben (1907) gibt folgende Tabelle Kenntnis:

Abteilung	Erwerbende und Rentner					
	überhaupt	%	männlich	%	weiblich	%
A	11 876	2,65	9 128	2,89	2 748	2,08
B	164 952	36,80	134 030	42,41	30 922	23,38
C	162 543	36,26	134 674	42,42	27 869	21,07
D	16 051	3,58	4 600	1,46	11 451	8,66
G	31 006	6,92	238	0,08	30 768	23,26
E	30 463	6,80	22 665	7,17	7 798	5,90
F 1	31 360	6,99	10 661	3,37	20 699	15,65
Zusammen	448 251	100,00	315 996	100,00	132 255	100,00
Bevölkerung	903 319	—	453 629	—	449 690	—

Die wichtigsten Berufe, in denen das weibliche Element überwiegt, sind: Näherei 3.251, Schneiderei 10.010, Putzmacherei 1.320, Wasch- und Plättanstalten 4.421, häusliche Dienste 11.000. Im Handelsgewerbe wurden über 20.000 Personen als Kontoristinnen und Verkäuferinnen und in ähnlicher Stellung beschäftigt. In diesen Zahlen kommt der Einfluß des Krieges und der Teuerung noch nicht zum Ausdruck. Beide Einflüsse haben dazu beigetragen, die Zahlen der erwerbstätigen Frauen zu erhöhen.

Die Gliederung der gesamten erwerbstätigen Bevölkerung im Staatsgebiete nach Betrieben 1907 gibt folgendes Bild:

Gewerbebetriebe Betriebsgrößenklassen	Zahl der Hauptbetriebe	Gesamtzahl der in den Betriebsstätten tätigen Personen
Betriebe bis zu 5 Personen	66 349	122 406
„ mit 6/10 „	4 916	36 690
„ „ 11/20 „	2 622	37 677
„ „ 21/50 „	1 532	47 250
„ „ 51/100 „	454	31 900
„ „ 101/200 „	212	28 839
„ „ 201/1000 „	114	40 176
„ „ über 1000 „	9	28 394
	76 208	373 334

Es empfiehlt sich, an Hand der Darstellung im Heft 4 der Statistischen Mitteilungen über den Hamburger Staat die Verteilung dieser Betriebe auf die einzelnen Berufskreise zu verfolgen.

Bei der Betrachtung der gewerblichen Tätigkeit muß auch des sehr wichtigen Faktors der Betriebskraft gedacht werden. Die

Frage hat eine noch nicht übersehbare Bedeutung durch das vom Reiche beschlossene Reichsenergiemonopol[1] erhalten. Es ist einleuchtend, daß der Staat dadurch einen außerordentlichen Einfluß auf alle gewerblichen Betriebe gewinnen kann, insbesondere da die Frage im Zusammenhang mit dem Kohlenproblem betrachtet werden muß. Denn es liegt für die gesamte deutsche Wirtschaft die Verpflichtung vor, mit der Kohle sparsam umzugehen, da die Kohlenvorräte des deutschen Reiches nur eine begrenzte Lebensdauer haben. Es ist wahrscheinlich, daß der Staat als Monopolinhaber auf die rationellste Verwertung der Energiemengen, insbesondere bei der Umwandlung der latenten Energie der Kohle in Elektrizität, Licht und Wärme auf die ökonomischste Methode hinwirken wird.

Von den Betrieben waren 1907 folgende mit Motoren versehen:

Größenklassen	Zahl der Betriebe mit Motoren	
	überhaupt	in ihnen verwendete Pferdestärken
Kleinbetriebe	2 247	3 822
Mittelbetriebe	1 850	12 865
Großbetriebe	507	73 925
	4 604	90 612

Nach der Art der motorischen Kraft unterschieden sich die Betriebe wie folgt:

	Betriebe:	Pferdestärken:
Dampf	596	81.047
Elektrizität	2.629	29.868
Gas	302	3.938
Wasserkraft	35	1.214
Sonstige Kräfte	182	4.413

Unter den sonstigen motorischen Kräften sind Petroleum, Spiritus, Benzin aufgeführt, ihr Anteil spielt jedoch nur eine geringe Rolle, wie aus der Ziffer hervorgeht, dagegen ist mit einer steigenden Verwendung der Elektrizität, insbesondere für Kraftzwecke zu rechnen, dies zeigt sich in der Entwicklung, die der gesamte Elektrizitätsverbrauch der Hamburger Elektrizitätswerke genommen hat.

Während im Jahre 1900/01 18 266 000 Kwst. abgegeben wurden, betrug die Leistung 1917/18 79 854 000 Kwst. Der Kohlenverbrauch wuchs entsprechend von 28 927 t auf 118 694 t.

[1] Sozialisierungsgesetz vom 23. März 1919 § 4.

Die starke Abhängigkeit der Hamburger Industrie von Kohle mit all ihren Folgerungen geht aus dieser Übersicht hervor. Denn alle Maschinen mit Antrieb durch Dampf, Elektrizität und Gas, die die weitaus größte Zahl ausmachen, sind von der Kohlenzufuhr abhängig. In letzter Zeit ist diese Abhängigkeit durch die Stockungen in der Produktion und der Zufuhr der Bevölkerung besonders deutlich vor Augen geführt worden. Auf die Kohlenzufuhr ist nicht nur das gewerbliche Leben, sondern auch die ganze Beleuchtung und Heizung der Wohnquartiere angewiesen. Es wirft sich die Frage auf, in welcher Weise das Risiko dieser Abhängigkeit gemildert werden kann.

Bei der Erörterung der Organisation des Hamburger Erwerbslebens liegt es nahe, auf den Begriff der Sozialisierung einzugehen. Sozialisierung heißt Vergesellschaftung. Es soll also der Allgemeinheit der menschlichen Gesellschaft ein Verfügungsrecht über die Produktion und ihre Verteilung gegeben werden. Bei den gegenwärtigen staatlichen Verhältnissen würde dieses Verfügungsrecht dem Vertreter der Allgemeinheit, dem Staat, zufallen, der seinerseits die Gemeinden oder andere Organisationen mit der Wahrnehmung seiner Rechte betrauen darf. Nach Meinung eines Teils der Radikalen ist die Durchführung der Sozialisierung jedoch nicht dem Staat, der in der jetzigen bürokratischen Form völlig zu beseitigen sei, sondern den zufällig in den Betrieben tätigen Arbeitern zu übergeben. Diese Auffassung steht im schroffsten Widerspruch zu dem bei Marx und Lasalle formulierten Begriff der „Gesellschaft“.

Die Forderung der Sozialisierung geht zurück auf Marx. Unter dem Eindruck der ungeheuer schnellen Industrialisierung Englands Mitte des vorigen Jahrhunderts, die er vor Augen hatte, als er sein Werk schrieb, nahm er an, daß als Endpunkt einer organischen Entwicklung in nicht allzuferner Zeit eine Konzentration aller Betriebe stehen werde. „Die Zentralisation der Produktionsmittel und die Vergesellschaftung der Arbeit errichten einen Punkt, wo sie unerträglich werden mit ihrer kapitalistischen Hülle.“ In diesem Stadium der Reife würde sich die Sozialisierung als naturgemäßer Vorgang vollziehen.

Die Entwicklung hat in diesem Punkt Marx Vorhersagen nicht bestätigt. Nur bei einem Teil der gewerblichen Tätigkeit hat die Konzentrationstendenz in der vorausgesagten Stärke fortgewirkt, bei einem anderen Teil sind nur geringe Ansätze in dieser Richtung zu merken, wie die hier angeführten statistischen Erhebungen zeigen.

Folgerichtig will daher auch ein großer Teil der Sozialdemokratie die Sozialisierung beschränkt wissen auf die dafür „reifen“ Betriebe, d. h. den Gewerbezweigen, in denen eine solche von Marx prophezeite Konzentration vorliegt. Man denke dabei vor allem an die Kohle-, Eisen- und Kaliindustrien. Auf diese Gewerbezweige und auf die Hochseefischerei richtet die Sozialisierungskommission zunächst ihre Tätigkeit.

Die unabhängige Sozialdemokratie hat jedoch ein viel weitgehenderes Sozialisierungsprogramm aufgestellt und will auch Industrien, die diese Reifemerkmale nach Marx nicht aufweisen, verstaatlichen. Sie erkennen aber an, wenigstens mehren sich die besonnenen Stimmen, daß nur nach Prüfung der besonderen Verhältnisse ohne Überstürzung vorgegangen werden dürfe.

Die Sozialisierung ist in allen Fällen nicht Selbstzweck, sondern ihre Anhänger gehen davon aus, daß durch das staatliche Verfügungsrecht die Interessen der Allgemeinheit weit besser wahrgenommen würden, als wenn sie in privaten Händen ruhen.

Auf die Prüfung dieser Frage kommt es also an. Um den breiten Massen einen größeren Anteil an allen Lebensgütern zu verschaffen, muß eine Produktionssteigerung erfolgen. Größere Mengen von Konsumgütern müssen zu geringerem Entgelt der Allgemeinheit zur Verfügung gestellt werden. Dies ist natürlich nur durchführbar, wenn bei kleinerem Aufwand ein größerer Nutzeffekt wie bisher erzielt wird. Die Handhaben hierfür sind eine Rationalisierung der Wirtschaft unter Ausnutzung aller Standortfaktoren nach den Gesichtspunkten der Arbeits- und Transportökonomie, der Betriebszusammenlegung und der Materialersparnis.

Hierbei erhebt sich die weitere Frage, ob eine solche Maßnahme durch eine bürokratische Organisation unter Ausschaltung aller Konkurrenz überhaupt durchzuführen ist, ob nicht die Produktivität der Wirtschaft, auf die es allein ankommt, ohne den Stachel des privaten Erwerbsbetriebes und der Konkurrenz nachlassen würde. Bei den Mängeln bürokratischer Organisation, die schon bei Aktiengesellschaften fühlbar sind und deshalb die Ausbreitung dieser Organisationsform im Handel verhindert haben, liegen schwere Bedenken vor. Eine Organisationsform, die diese Mängel überbrückt, ist noch nicht gefunden. Es wäre jedoch vermessen, bei der Vielseitigkeit des Wirtschaftslebens zu diesen Fragen allgemein Stellung zu nehmen. Gefördert werden kann diese Frage nur durch eine in voller Öffentlichkeit geführte Untersuchung, wie sie öfters in angelsächsischen Ländern (vergl. Tariff Reform, Trust Enquete) stattgefunden hat. Aus diesem Grunde ist es abzulehnen, daß die Sozialisierungskommission, die übrigens nur aus Theoretikern besteht, in Berlin hinter verschlossenen Türen tagt. Diese Lebensfrage des deutschen Volkes müßte in breitester Öffentlichkeit unter Hinzuziehung von Fachleuten und auch Vertretern großer Konsumentenkreise erörtert werden.

In einer Kundgebung der Sozialisierungskommission vom 10. Dezember 1918 ist neben dem direkten Staats- und Gemeindebetrieb auch die „Eigenproduktion der Genossenschaften als geeignetes Mittel der Ausschaltung des kapitalistischen Profits" anerkannt worden. So wenig dieser Weg vielleicht radikalen Theoretikern zunächst behagen wird, so bedeutungsvoll erscheint er für die Praxis. Hat doch gerade in der Kriegszeit in Hamburg die genossenschaftliche Versorgung der minderbemittelten Bevölkerung sich außerordentlich bewährt. Insbesondere haben die in den Zeitungen täglich veröffentlichten Preislisten der Produktion eine wichtige Rolle als Preisregulator für den gesamten Kleinhandel gespielt zu einer Zeit, wo das Höchstpreissystem nicht ausgebaut war.

Heute ist gerade die Lebensmittelversorgung der Punkt, wo die große Masse des Volkes am empfindlichsten ist. Nach vier Jahren Hungerblockade und Schleichhandel hat die minderbemittelte Bevölkerung ein Recht, daß ihr Lebensunterhalt nicht durch irgendwelche unnötige Zwischenglieder verteuert wird. Sie muß das unbedingte Gefühl haben, daß auf diesem Gebiet alles erforderliche von der Regierung geschieht. Die wichtigsten Lebensmittel sind Brot und Fleisch. Nach den Erfahrungen der Kriegszeit dürften viele Gesichtspunkte dafür sprechen, zunächst auf diese notwendigen Lebensmittel bei Sozialisierungsbestrebungen das Augenmerk zu richten.

Es darf von keiner Partei verkannt werden, daß in weiten Kreisen der Arbeiterschaft sich ein gefährlicher Zündstoff birgt. Auf die Frage der Sozialisierung konzentrieren sich viele Zukunftshoffnungen. Nichts wäre verkehrter, als dieses wichtige Problem ohne eingehende Bearbeitung und Klärung der Meinung abtun zu wollen. Nur dadurch, daß die Frage sachlich von Fachleuten aufs eingehendste nach allen Seiten hin beleuchtet wird, ist das Problem zu bewältigen.

Hierbei darf auch kein Hehl daraus gemacht werden, daß die bisherigen Ansätze der Sozialisierung der Allgemeinheit nicht zu gute gekommen sind, insofern, als die Arbeiter des betreffenden Betriebes für sich Prioritätsrechte geltend machten und alle Vorteile für sich in Anspruch nahmen, so daß Staat und Volk leer ausgingen.

Von der Frage der Sozialisierung muß scharf getrennt werden, eine Frage die oft damit verquickt wird. Das ist die Frage der Herabsetzung oder Beseitigung arbeitsloser Einkommen arbeitsfähiger Personen. Dies ist eine Frage, die durch die Steuerpolitik zu lösen ist.

4. Die Betriebe der Industrie und des Gewerbes.

Von der Berufsabteilung B (Industrie und Gewerbe) sind nach der Berufszählung von 1907 165 000 Personen im hamburgischen Staate wohnhaft gewesen. Nach der Betriebszählung ergibt sich, daß beschäftigt waren 162 300 Personen. Eingangs ist schon darauf hingewiesen worden, daß Hamburg in Bezug auf den relativen Umfang der gewerblichen Tätigkeit hinter dem Durchschnittsgepräge einer deutschen Großstadt zurücksteht, wie dies in seinem Charakter als Handelsstadt begründet liegt. Die jetzigen Zeitumstände drängen die industrielle Entwicklung mehr in den Vordergrund. Schon während des Krieges hat die Schiffsbauindustrie außerordentlich zugenommen. Jetzt erwächst ihr die Riesenaufgabe des Neubaues der deutschen Handelsflotte. Große neue Werftanlagen sind im Entstehen begriffen, die durch die feindlichen Maßnahmen erzwungene Einschränkung des Überseehandels drängt die wirtschaftlichen Kräfte Hamburgs auf das Gebiet industrieller Betätigung. Bemerkenswert ist, daß große Unternehmen der Schwerindustrie neuerdings sich eingehend mit einer Ansiedlung in Hamburg befassen. Bisher wurde ein erheblicher Teil des Hamburger Lokalbedarfs in Binnendeutschland hergestellt. Die Tendenz geht aus Rücksicht der Transportkostenersparnis dahin, die Herstellung des Bedarfs soweit wie möglich an den Ort des Großverbrauchs zu verlegen. In Anknüpfung an diese konsumorientierte Industrie wird in Zukunft bei günstigerer Weltlage eine Exportindustrie in Fühlung mit dem die Bedürfnisse des Auslandes kennenden Überseehandel sich entwickeln können.

Die Gliederung der Industrie- und Gewerbebetriebe nach ihrer Größe und Zahl der in ihnen tätigen Personen zeigte 1907 folgendes Bild:

Betriebseinteilung	Zahl der Betriebe	Personen	Zahl der Maschinen	Zahl der Pferdestärken
Kleinbetriebe (1/5 P.) .	25 028	43 110	1 023	3 727
Mittelbetriebe (6/50 P.)	4 247	59 148	1 263	9 592
Großbetriebe (über 50 P.)	456	60 049	283	59 481
	29 731	162 307	2 569	72 810

Das Hervortreten des Großbetriebes prägt sich in diesen Zahlen deutlich aus. In die Augen springt das sehr starke Überwiegen der motorischen Kraft in den Großbetrieben, ein Zeichen der auch relativen starken Kapitalsintensität dieser Betriebe.

Die soziale Gliederung der in Hamburg wohnhaften Berufstätigen der Abteilung B ist aus nachstehender Übersicht zu ersehen:

Selbständige:	**34235**
Angestellte:	12368
Arbeiter:	118000
	164952

Es zeigt sich, daß die Zahl der Selbständigen annähernd übereinstimmt mit der Zahl der in Hamburg vorhandenen Betriebe. Die Abweichung wird vielleicht aus der verschiedenen Berücksichtigung von Wohn- und Tätigkeitsort zu erklären sein.

Von Wichtigkeit ist die Gliederung der in Industrie und Gewerbe tätigen Personen nach Alter, Geschlecht und Familienstand (auf Grund der Berufszählung):

Alter:	Gesamtzahl:	davon weiblich:
unter 16 Jahr	6 125	1 366
16—30 „	73 381	17 685
30—60 „	77 428	10 397
60—70 „	6 613	1 190
über 70 „	1 405	284
	164 952	30 922

Von den weiblichen Berufstätigen waren nur 3461 verheiratet.

Von sämtlichen Berufstätigen waren ledig 81 345, verheiratet 71 326 und verwitwet 8 820 Personen. Über die Art der Verteilung der in Industrie und Gewerbe tätigen Personen auf die einzelnen Berufsgruppen gibt folgende Aufstellung Aufschluß. Die einzelnen Berufsgruppen sind nach ihrer Belegschaftsstärke geordnet:

Gewerbegruppen der Abteilung B	In Hauptbetrieben tätige Personen						
	Gesamtzahl	davon weibl.	Alleinbetriebe	1/5 Pers.	6/10 Pers.	11/20 Pers.	21 u. mehr Pers.
1. Baugewerbe	36 245	313	1 387	4 763	3 267	4 157	22 671
2. Bekleidungsgewerbe	24 229	14 290	9 050	5 402	2 110	1 761	5 906
3. Maschinen, Apparate	21 107	503	413	1 254	1 160	1 616	16 664
4. Nahrungs- u. Genußmittelindustrie	19 116	4 575	303	4 477	2 985	2 689	8 662
5. Holzverarbeitung	13 924	935	765	2 767	1 612	2 115	6 665
6. Metallverarbeitung	11 961	777	316	2 391	1 568	1 445	6 241
7. Reinigungsgewerbe	10 279	5 628	1 770	3 606	1 477	1 100	2 326
8. Lederindustrie	6 430	1 090	446	1 146	436	476	3 926
9. Druckerei-Gewerbe	5 871	1 450	113	795	673	898	3 392
10. Chemische Industrie	3 156	462	17	236	442	363	2 098
11. Seifen, Öle, Fette	2 724	393	7	75	110	258	2 274
12. Textilindustrie	2 510	1 285	309	256	206	315	1 424
13. Papierindustrie	1 878	649	54	407	203	522	692
14. Ind. d. Steine u. Erze	1 817	32	23	206	241	317	1 030
15 Bergbau und Hüttenwesen	593	14	—	2	8	28	555
16. Künstlerische Gewerbe	467	47	217	137	62	25	26
Abteilung B zusammen	162 307	32 443	15 190	27 920	16 560	18 085	84 552

An erster Stelle stehen die für jede Großstadt typischen Berufsgruppen, wie Baugewerbe, Bekleidungsgewerbe, Nahrungs- und Genußmittelindustrie, die für den Lokalbedarf arbeiten.

In welchem Umfang im einzelnen die Betriebe für den Lokal- oder Exportbedarf arbeiten, ist aus der Statistik nicht zu ersehen Namentlich bei der Nahrungs- und Genußmittelindustrie ist ein starker Einschlag für den Export. Ein großer Teil des Hamburgischen Konsumbedarfs wird auswärts erzeugt.

In welcher Weise sich die Industrie entwickelt hat, zeigt am besten folgende Aufstellung, in der nur Betriebe mit 10 und mehr Arbeitern berücksichtigt sind:

Jahr:	gewerbliche Betriebe:	Arbeiter:
1880	685	18 405
1884	765	20 797
1888	867	24 915
1890	1 199	30 106
1896	1 441	36 878
1902	2 065	48 714
1906	4 158	66 127
1910	5 664	84 374
1913	6 715	109 203

Es geht daraus hervor, daß die Einbeziehung Hamburgs in das Zollgebiet von einschneidender Bedeutung für die industrielle Entwicklung gewesen ist. Erst vom Jahre 1889 setzt eine stärkere Aufwärtsbewegung ein.

Von Einfluß auf die industrielle Entwicklung war die Einrichtung des Freihafens. Dort haben sich verschiedene Veredelungsindustrien niedergelassen.

Die Eigenschaft als Seeschiffhafen gibt Hamburg eine besondere Vorzugslage. Von altersher ist es Standort der Schiffsbauindustrie gewesen. Zu Zeiten des Holzschiffbaus spielten die Schiffszimmerer die Rolle der heutigen Werftarbeiter, daneben blühte das Gewerbe der Segelmacher und Reepschläger. Heute steht wohl die Schiffsbauindustrie, namentlich nach den hochgespannten Anforderungen des Seekrieges, an erster Stelle, was die Stärke der Arbeiterschaft anbelangt. Schon 1913 betrug die Belegschaft der Berufsgruppe „Industrie der Maschinen, Instrumente und Apparate", wozu der Schiffsbau gerechnet wird, allein in den Betrieben mit über 10 Arbeitern 36 179.

Ebenso war in Hamburg ein Teil der Nahrungs- und Genußmittelindustrie seit altersher auf die Herstellung von Schiffsbedarf eingestellt. Was heute die Keksfabriken leisten, erfüllten früher die Weißbäckereien. Die Hamburger Bierbrauerei, die heute Spezialsorten für den Export herstellt, hatte schon im Mittelalter einen weiten Ruf.

In anderen Berufsgruppen ist ebenfalls ein spezifischer durch den Seehandel bewirkter Einschlag vorhanden: Ein Teil der Holzverarbeitungsindustrie ist als Hilfsgewerbe für den Handel in Kisten- und Faßfabrikation tätig. Bei der Textilindustrie spielt die Sackfabrikation eine Rolle. Dem Druckereigewerbe gibt die Herstellung von Katalogen und Preisverzeichnissen für die Exporteure lohnende Beschäftigung.

Um über die Entwicklungstendenzen in der gewerblichen Ansiedlung sich Klarheit zu verschaffen, empfiehlt es sich, die Beweggründe zu beachten, die für die Wahl des Standorts eines Betriebes maßgebend sind. Neben den zufälligen Gesichtspunkten persönlicher Art trat schon vor dem Kriege in einem stärkeren Maße die Erwägung in den Vordergrund, die Betriebe an Plätzen zu errichten, wo die Lage an sich dem Betriebe bestimmte Vorteile bringt.[1] Vor allem der Gesichtspunkt der Transportkostenersparnis ist hierbei von Einfluß gewesen, und zwar einmal in Bezug auf Zufuhr der Rohstoffe, wie auch hinsichtlich Abfuhr der Erzeugnisse. Es ist von dieser Erwägung aus einleuchtend, daß Hamburg durch seine Lage einen ganz besonderen Vorzug vor anderen Orten für viele Gewerbszweige hat. Es können Seeschiffe bis tief in das europäische Festland bei Hamburg eindringen und Verbindung finden mit einem weitreichenden,. verzweigten Binnenschiffahrtsweg.

Nicht allein vom Gesichtspunkt der privaten Transportkostenersparnis darf die Frage betrachtet werden, sondern auch vom staatswirtschaftlichen. Die Verarbeitung sperriger Massengüter an den Hafenplätzen würde auch eine Ersparnis im Gesamttransportbedarf herbeiführen und somit zur dringend notwendigen Entlastung des Inlandverkehrs beitragen.

Ein Bevölkerungsblock von rund $1^1/_2$ Mill. Einwohner ist in nächster Nähe als unmittelbares Absatzgebietes vorhanden.

Aus diesen Gründen darf man annehmen, daß Hamburg erst am Anfang einer großen industriellen Entwicklung steht.

[1] vergl. A. Weber, Über den Standort der Industrien. 1909.

5. Die Betriebe des Handels und Verkehrs.

Nach der Berufszählung von 1907 waren von der Hamburger Bevölkerung im Handel und Verkehr (Berufsabteilung C) 162 500 Personen, unter ihnen rund 28 000 weibliche berufstätig. Die Betriebszählung des gleichen Jahres stellte in den Betrieben des Handels und Verkehrs 196 000 Personen fest. Der Unterschied von 34 000 erklärt sich dadurch, daß bei der Betriebszählung auch die mitarbeitenden Familienangehörigen und die außerhalb Hamburgs wohnenden Personen mitgerechnet sind. Die Zahl der letzteren ist nicht unerheblich, da viele bessergestellte Angehörige des Handelsstandes in den preußischen Vororten ihren Wohnsitz genommen haben.

In der folgenden Aufstellung sind die Erwerbenden der Berufs- und Betriebszählung einander gegenübergestellt:

Berufsgruppen:	1907 insgesamt:	weiblich:	Zahl der Betriebe:	In den Betrieben tätig:
Handelsgewerbe	96 170	17 483	31 096	119 117
Versicherungsgewerbe .	3 619	281	666	4 168
Verkehrsgewerbe	43 270	1 483	2 629	50 192
Gastwirtschaft	19 484	8 622	7 907	23 192
	162 543	27 869	42 298	196 699

Von den im Handelsgewerbe beschäftigten Personen sind im Waren- und Produktenhandel, der Detail- und Großhandel umfaßt, 80 330 Personen tätig gewesen. Getrennt vom Waren- und Produktenhandel werden die Personen, die sich mit der Handelsvermittlung beschäftigen, die Makler und Agenten, aufgeführt (10 800). Zum Handelsgewerbe zählen nach der Statistik die unter der Rubrik Hilfsgewerbe des Handels aufgeführten Schauerleute, die im Hamburger Hafen eine große Rolle spielen (14 000). Im Verkehrsgewerbe sind die See- und Binnenschiffahrtsbetriebe mit 35 700 Berufstätigen, ferner die Betriebe des Landtransportes mit 10 800 Personen einbegriffen.

Unter Gastwirtschaft fallen auch die Hotels und die eigentlichen Gast- und Schankwirtschaften, worunter auch die Cafés zählen.

Von besonderem volkswirtschaftlichen Interesse ist eine Unterscheidung der Betriebe des Detail- und des Großhandels. Die Statistik gibt darüber keine Auskunft, ebenso wenig befindet sich Material darüber bei der Detaillistenkammer. Einen Anhalt jedoch bietet die Aufnahme des Statistischen Amtes über die Zahl der *Betriebe mit offenen Verkaufsstellen*. Danach betrug die Gesamtzahl der Läden im *Stadtgebiet* 1907 rund 25000; auf das Handelsgewerbe im engeren Sinne entfallen hiervon 17359, d. h. 76,7 % aller Betriebe.

Von Interesse ist es, festzustellen, auf *welche Handelszweige* die Läden entfallen; es ergibt sich, daß sich befassen

etwa 14% mit dem Verkauf von Landwirtsch. Produkten, (Milch, Gemüse, Butter, Eier)
„ 9% „ „ „ „ Back- und Konditorwaren,
„ 8% „ „ „ „ Kolonialwaren,
„ 6% „ „ „ „ Zigarren,
„ 10% „ „ „ „ anderen Lebensmitteln,

insgesamt also etwa 47 % mit dem Verkauf von Lebens- und Genußmitteln; etwa 18 % der offenen Verkaufsstellen entfallen auf das Gastwirtsgewerbe, etwa 6 % auf den Bekleidungsbedarf, der Rest von 29% verteilt sich auf die übrigen Bedarfsartikel. Die Zahl der in den offenen Verkaufsstellen tätigen Personen läßt sich aus der Statistik nicht feststellen. Man darf jedoch annehmen, daß sie der Zahl der im Großhandel beschäftigten Personen zum mindestens gleichkommt. Über die Umsätze des Detailhandels, soweit er sich mit der Lebensmittelversorgung befaßt, geben die Ausführungen in dem weiter unten der Lebensmittelversorgung gewidmeten Abschnitt eine Vorstellung.[1]

Auf die Bedeutung und den Umfang des *Hamburger Überseehandels* braucht an dieser Stelle nicht näher eingegangen zu werden. Ein Bild geben die Statistiken der see- und landwärts sich bewegenden Ein- und Ausfuhr, die nach Wert und Gewicht gegliedert ist und wertvolle Aufschlüsse über das Wachstum des Handels vor dem Krieg gibt. Die Ziffern nach Warengattungen spezialisiert liegen vor in den jährlichen Veröffentlichungen des Handelsstatistischen Amtes. In der Anlage 4 S. 49 ist ein Ausschnitt aus der Bewegung der wichtigsten Waren gegeben. Hierbei ist zu beachten, daß Hamburg nicht nur als Speditionsplatz wie Rotterdam, sondern auch besonders durch seinen Eigenhandel den Verkehr anzieht.

In den Ziffern der Ein- und Ausfuhr erschöpft sich aber die Bedeutung des Hamburger Handels nicht. Es ist vor allem der Verschiffungen für Hamburger Rechnung zu gedenken, die von anderen Plätzen bewerkstelligt wurden. Eine steigende Bedeutung gewannen in den Jahren vor dem Kriege die *interkolonialen Handelsbeziehungen*, deren Gewinn nach Hamburg floß.

[1] Vergl. auch Anlage 7.

Sie erregten in besonderem Maße die Mißgunst der Gegner und gegen sie richteten sich insbesondere die „Schwarzen Listen“.

Der See- und Binnenschiffahrtsverkehr von Hamburg ist bereits oft von anderer Seite dargestellt worden. Von Interesse ist, daß die Eisenbahngüteranlagen von Hamburg vor dem Kriege am Rande ihrer Leistungsfähigkeit waren und die Neuanlage großer Verschiebebahnhöfe forderten.

In der jetzigen Übergangszeit fällt dem Hamburger Handel eine wichtige Funktion zu. Sein Kredit, der sich auf Zutrauen zu der persönlichen Tüchtigkeit und Zuverlässigkeit des Hamburger Kaufmanns gründet, soll die Bezahlung der dringend nötigen Rohstoffe und Lebensmittel erleichtern. Hierbei ist im Auge zu behalten, daß der Kredit nicht übertragbar ist, also bei einseitiger Bevorzugung, sei es der Lebensmittel, sei es der Rohstoffe, jeweils Kredite verloren gehen würden. Bei der großen Bedeutung aller Rohstoffe für die Herstellung von Fertigfabrikaten zur Bezahlung unserer Einfuhr, erscheint es nicht richtig, den Import lediglich auf Lebensmittel zu beschränken.

Bei der außerordentlichen Vielseitigkeit des Überseehandels, ein Bild geben davon die Jahresberichte des Handelsstatistischen Amtes, ist im jetzigen Augenblick von irgendwelchen Sozialisierungsversuchen des Überseehandels dringend abzuraten. Das würde den Ruin Hamburgs als Handelsstadt bedeuten. Rathenau und auch Möllendorf werden in ihren Schriften der Schwierigkeit des Verteilungsproblems nicht gerecht. Sie übersehen, welche wertvolle Rolle der Handel mit seinen Fachkenntnissen bei der Behandlung der Güter auf dem Wege vom Produzenten zum Konsumenten, insbesondere beim Überseegut, leistet. Diese Rolle des Überseehandels durch eine bürokratische Organisation zu ersetzen, würde die Bedarfsbefriedigung wesentlich beeinträchtigen.

Die Unternehmensform im Handel ist bis auf wenige Ausnahmen, die offene Handelsgesellschaft, wo der Unternehmer mit seinem ganzen Vermögen das Risiko trägt. Es vollzieht sich hierdurch selbsttätig eine scharfe Auslese. Untüchtige Elemente scheiden aus, persönliche Tüchtigkeit setzt sich durch. Mancher Prokurist und Teilhaber der großen Überseehäuser hat sich vom Volksschüler an emporgearbeitet.

Der Name des Handels hat während des Krieges gelitten. Wucher und Schleichhandel haben sein Ansehen herabgesetzt. Mit Nachdruck ist jedoch festzustellen, daß der solide Handel, und das ist der Hamburger zum weit überwiegenden Teil, sich diesem Treiben ferngehalten hat.

6. Das Einkommen und Vermögen der Hamburger Bevölkerung.

Hamburg und seine Bevölkerung galten vor dem Kriege als wohlhabend. Unter Zugrundelegung des Durchschnittseinkommens pro Kopf der Reichsbevölkerung und pro Kopf des Hamburger Staates ist dieses zutreffend gewesen.

Die in Hamburg seit 1866 bestehende Einkommensteuer gibt einen Anhalt über die Entwicklung der wirtschaftlichen Lage der Bevölkerung. Es liegen verschiedene Berechnungen des gesamten Volkseinkommens vor, eine von dem Statistischen Amt, eine andere von R. E. May.[1] Die letztere kommt zu höheren Ergebnissen infolge der zweifellos richtigen Annahme, daß die Summe des deklarierten Einkommens insgesamt genommen nicht dem tatsächlichen entspricht, da mit einer gewissen Anzahl von Steuerhinterziehungen zu rechnen ist. Die im folgenden gegebenen ersten beiden Zahlen sind die vom Statistischen Amt, die weiteren stammen aus der Aufstellung von R. E. May[2]:

Jahr:	Einwohnerzahl:		Volkseinkommen:		Einkommen:	
	Zuwachs:	%	Millionen	%	pro Kopf	%
1866	692 600		177		605	
1877	409 300		252		625	
1885	664 000		634		953	
1907	903 300	+ 36,0 %	1 082	+ 70,7%	1 198	+ 25,7 %
1912	1 080 400	+ 19,6 %	1 385	+ 28,0%	1 282	+ 7,0 %
1895 bis 1912	—	+ 62,0 %	—	+118,0 %	—	+ 34,5 %

An dieser Zunahme sind die unteren Einkommenklassen am stärksten beteiligt, wie sich aus einer Gegenüberstellung der Einkommen von 900—3.000 M. mit denen über 3.000 M. ergibt:

Jahr:	Einkommen von 900—3 000 Mk.		Einkommen über 3 000 Mk.	
	Mill. Mk.	Zunahme	Mill. Mk.	Zunnahme
1895	196		287	
1907	361	+ 84,6 %	536	+ 86,9 %
1912	507	+ 40,4 %	673	+ 25,6 %
1895 bis 1912		+ 159,0 %		+ 134,0 %

[1] Schmollers Jahrbuch 1910, I, S. 329.

[2] Schriften des Vereins f. Sozialpolitik, Bd. 145, IV, S. 457.

Das Einkommen von 900—3.000 M. hat stärker zugenommen als dasjenige über 3.000 M. (159 % gegen 134 %) und beide Einkommen haben zwei- bis dreimal so stark zugenommen, als die Bevölkerung. Ein noch anschaulicheres Bild gibt folgende Aufstellung:

Auf je 100 000 Einwohner kamen physische Steuerzahler:

Einkommen im Jahre	ℳ 900 bis ℳ 1000	ℳ 1000 bis ℳ 2000	ℳ 2000 bis ℳ 3000	ℳ 3000 bis ℳ 6000	ℳ 10 000 bis ℳ 25 000	ℳ 25 000 bis ℳ 50 000	ℳ 50 000 bis ℳ 100 000	über ℳ 100 000
1895	6 197	7 522	2 043	612	510	161	75	42
1900	4 154	11 354	2 187	635	543	184	79	43
1905	2 563	13 452	2 482	686	577	199	84	51
1910	1 749	15 458	3 420	740	597	206	96	51
1912	1 663	16 075	3 828	777	617	216	96	62
1895 bis 1912	—73 %	+114 %	+87 %	+27 %	+ 21 %	+ 34 %	— 28 %	+ 48 %

Es zeigt sich, daß trotz der starken Zunahme der weiblichen Erwerbstätigen und trotz der starken Zuwanderung, die zum überwiegenden Teil den unteren Einkommenschichten angehörte, die Zahl der Einkommensteuerzahler von der ersten Spalte um volle 73 % in der Zeit von 1895 bis 1912 zurückgegangen ist. Gleichzeitig ist die Zahl der nächst höheren Einkommenklasse um 114 % gestiegen. Ferner war die Zunahme der Zahl der Einkommensteuerpflichtigen in den unteren Klassen am stärksten. Ein Gesamtbild der Einkommensteuereinnahmen im Jahre 1912 gibt folgende Tabelle[1]:

Klassen des Einkommens in Mark	Steuerzahler		Versteuertes Einkommen		Steuerertrag von $7^1/_2$ Einheiten	
	Anzahl	v. H.	Mark	v. H.	Mark	v. H.
900 bis 1 000	17 985	6,38	17 985 000	1,68	129 100	0,26
1 001 „ 1 200	41 519	14,74	49 007 000	4,57	388 456	0,77
1 201 „ 1 500	69 840	24,79	98 701 000	9,20	811 100	1,62
1 501 „ 2 000	62 325	22,13	111 414 800	10,39	971 839	1,94
2 001 „ 2 500	25 419	9,02	58 520 600	5,46	726 187	1,45
2 501 „ 3 000	15 994	5,68	45 105 700	4,21	681 845	1,36
3 001 „ 4 000	15 206	5,40	53 783 900	5,01	1 031 607	2,06
4 001 „ 5 000	8 538	3,03	39 081 400	3,64	934 847	1,86
5 001 „ 6 000	5 189	1,84	28 861 200	2,69	914 527	1,82
6 001 „ 7 000	3 057	1,08	20 099 600	1,87	744 374	1,48
7 001 „ 8 000	2 308	0,82	17 486 900	1,63	731 683	1,48
8 001 „ 10 000	3 134	1,11	28 297 300	2,64	1 346 990	2,69
10 001 „ 25 000	6 863	2,44	105 641 800	9,85	6 587 747	13,14
25 001 „ 50 000	2 403	0,85	83 327 600	7,77	6 407 612	12,78
50 001 „ 100 000	1 116	0,40	77 550 600	7,23	6 500 462	12,96
100 001 „ 250 000	579	0,21	86 926 500	8,10	7 655 074	15,27
250 001 „ 500 000	136	0,05	45 667 600	4,26	4 110 084	8,20
über 500 000	80	0,03	105 160 600	9,80	9 464 454	18,88
Zusammen	281 691	100	1 072 619 100	100	50 137 988	100
Einkommen unbestimmbar	52 799	—	—	—	2 459 176	—
Überhaupt	334 490	—	—	—	52 597 164	—

[1] Bericht 1913 S. 73.

An der Aufbringung dieser Einkommensteuer sind die juristischen Personen (Aktiengesellschaften, Gesellschaften mit beschränkter Haftung) mit rund 10% beteiligt. Über ihre Entwicklung wird alljährlich vom Statistischen Amt gesondert berichtet.

Darüber, aus welchen Quellen dieses Einkommen fließt, gibt die Hamburgische Steuerstatistik keine Auskunft. In den Jahren 1870 und 1886 ist allerdings eine Berufsstatistik der Steuerzahler aufgestellt worden. Sie kann jedoch kaum als Ersatz für die fehlenden Angaben über die Einkommenquellen angesehen werden, abgesehen davon, daß ihre Ergebnisse heute zu veraltet sind. Zweifellos stammt der größte Teil der Einkommen aus Handel, Gewerbe und Verkehr, doch werden auch die Einkünfte aus Kapital und Grundvermögen nicht gering anzunehmen sein. In Preußen betrug nämlich im Jahre 1900 das Einkommen aus Kapital und Grundvermögen nach Abzug der Schuldzinsen rund 38% von dem steuerpflichtigen Einkommen. Bei der Struktur des Hamburger Wirtschaftslebens darf man annehmen, daß der Anteil in Hamburg erheblich geringer sein wird.

Bei der Entwicklung der Vermögensverhältnisse ist natürlich auf die größere und geringere Kaufkraft des Geldes Rücksicht zu nehmen. Mit der zunehmenden Geldentwertung hat sich der übrig gebliebene Teil des Volksvermögens äußerlich im Werte erhöht, denn die Werte müssen nach den gegenwärtigen Reproduktionskosten bemessen werden.

Über die Entwicklung der Kosten der Lebenshaltung und der Einkommenverhältnisse in Hamburg seit 1890 ist eine sehr eingehende, sorgfältige Studie von R. E. May[1] erschienen. Sie kommt auf Grund der Untersuchungen von zahlreichen, genau angeführten Haushaltungsrechnungen und anderen Materials zu dem Ergebnis, daß in der Zeit von 1890—1913 die Kosten der Lebenshaltung der breiteren Massen sich folgendermaßen verschoben hat:

	Steigerung	Anteil an d. Gesamtausgabe	also gestiegen um	gestiegen auf
1. Nahrungs- und Genußmittel .	16%	49,0%	7,8 + 49%	56,8%
2. Kleidung, Wäsche, Reinigung	25%	11,0%	2,8 + 11%	13,8%
3. Wohnung, Haushalt	20%	18,0%	3,6 + 18%	21,6%
4. Heizung und Beleuchtung . .	1%	4,0%	1,0 + 4%	5,0%
		82,0%		97,2%

Mit anderen Worten mußten im Jahre 1913 für Nahrung, Kleidung, Wohnung, Heizung und Beleuchtung 17,4% mehr ausge-

[1] Kosten der Lebenshaltung und Entwicklung der Einkommensverhältnisse in Hamburg seit 1890, Schriften d. Ver. f. Soz. Politik Bd. 145 IV. S. 259ff.

geben werden, wie im Jahre 1890. Auf Grund sehr reichhaltiger, von dem Gewerkschaftskartell zur Verfügung gestellter Materialien wird auf der anderen Seite festgestellt, daß die Lohn- bezw. Gehaltssteigerung bei einer Anzahl Gruppen der Arbeiter und Angestellten, die Ausgabensteigerung wesentlich, oft um das mehrfache übertroffen hat, allerdings auch andere Gruppen hinter der Ausgabensteigerung zurückgeblieben sind. Im ganzen jedoch bei der großen Mehrheit der Gesamtbevölkerung die Steigerung der Einkommen diejenige der Kosten der Lebenshaltung weit übertroffen hat.

Über das Vermögen der Hamburger Bevölkerung liegen Berechnungen des Hamburgischen Statistischen Amtes vor, die bei den unsicheren Unterlagen mit allem Vorbehalt aufzunehmen sind.

Im Jahre:	Einwohnerzahl:	Volksvermögen Mill. Mark	Auf 1 Bewohner Mark
1866	292 600	1 100	3 700
1877	409 300	1 600	3 900
1895	664 000	3 400	5 000
1910	903 300	6 300	6 000

Für welche Zwecke das Einkommen verbraucht wird bei der Masse der Bevölkerung, darüber geben die von May ausgeführten Haushaltungsrechnungen einen gewissen Aufschluß. Hiernach gibt die Bevölkerungsklasse bis zu einem Einkommen von 3000 Mark etwa 49 % ihres Einkommens für Lebensmittel, 18 % für Wohnung und Haushalt, 11 % für Kleidung und Wäsche und schließlich 4 % für Beleuchtung und Heizung aus.

Bei der starken Anspannung der direkten Besteuerung stehen große Aufgaben den Steuerbehörden bevor, vor allem wird es auf eine genaue Ermittlung der Einkommen ankommen, wofür alle Hilfsmittel heranzuziehen sein werden.

Über das Hamburger Staatsvermögen ist vor kurzem eine offiziöse Mitteilung an die Presse gelangt.

Danach ist der Wert des Staatsgrundes ohne Straßen usw. und der darauf befindlichen Gebäude auf eine Milliarde zu veranschlagen. Es kommt hinzu das in werbenden Anlagen (Schlachthof, Gaswerke usw.) angelegte Kapital von mindestens 150 Millionen. Der Wert der Hafen-, Kai- und Landungsanlagen ist mit 300 Millionen, derjenige der Zollanlagen mit 13 Millionen und der der Straßen- und Eisenbahnanlagen mit beinahe 48 Millionen anzunehmen. Hinzu kommen u. a. die Beteiligung des Staates an Verkehrsunternehmungen

[1] Siehe Anlage 7.

und dergleichen mit über 77 Millionen, das Vermögen des Staates an Grundmieten, Renten und Hypotheken mit beinahe 40 Millionen, die Vorratslager der Technischen Behörden mit über 4 Millionen, die Kunstschätze der Museen usw. mit 30 Millionen, die Fahrzeuge und Bagger mit mindestens 20 Millionen und das Mobiliar und Inventar der Staatsgebäude mit etwa 35 Millionen. Auf Grund dieser Zahlen, die durchaus keinen Anspruch auf Vollständigkeit erheben können, wird man nicht sehr fehlgreifen, wenn man den Wert des hamburgischen Staatsvermögens auf 2 Milliarden Mark schätzt.

Dazu kommt als wesentlicher Faktor die starke Steuerkraft der Bevölkerung.

7. Die Wohnungsversorgung der hamburgischen Bevölkerung.

Die Unterbringung der Bevölkerung zeigt in Hamburg dieselben Mängel wie in anderen Großstädten. Allerdings sind die schlimmsten Auswüchse der Zusammendrängung der Bevölkerung in Häusern, die für eine viel geringere Wohndichte ursprünglich bestimmt waren, zum größten Teil durch die Sanierung beseitigt worden. Die jetzigen Mängel sind in der überraschenden Schnelligkeit begründet, mit der sich das Wachstum der Städte in dem letzten halben Jahrhundert vollzogen hat. Die Stadtverwaltung, insbesondere die Verkehrs- und Städtebautechniker sahen sich vor eine Aufgabe gestellt, zu deren vollen Bearbeitung ihnen die Erfahrung und die Zeit fehlte. So ist man zu einer Bau- und Siedlungsweise gelangt, die nach Klarlegung der Grundsätze des großstädtischen Städtebaues diesem nicht voll entspricht.

Man darf aber bei Beurteilung der jetzigen Zustände nicht verkennen, daß gegenüber der Unterbringung der Bevölkerung, wie sie vor einem Jahrhundert bestand, ein außerordentlicher Fortschritt in sanitärer Hinsicht erzielt worden ist. Man vergleiche nur die Zustände um die Zeit der Kontinentalsperre herum mit den jetzigen. Ein Beweis für die Besserung der Wohnverhältnisse ist der große Rückgang der Sterblichkeit, auf den schon hingewiesen ist. Jedoch darf diese Feststellung nicht davon abhalten, an der notwendig erkannten Verbesserung des Wohnungswesens mit allen Mitteln weiter zu arbeiten.

In Hamburg liegt eine der großen Schwierigkeiten der Lösung des Wohnungsproblems in der äußerst schwierigen Verkehrsfrage. Diese hat einen beherrschenden Einfluß auf die Preisgestaltung des Wohnungsmarktes; denn in den Innenbezirken sind die Preise der Wohnungen im wesentlichen abhängig einerseits von den Gestehungskosten der Wohnungen an der Peripherie, und andererseits von dem Aufwand der Fahrtkosten, Zeit und Mühe für die Beförderung der Wohnungsnehmer von der Peripherie zur Geschäftsstadt.

Über die Unterbringung der Bevölkerung in den vorhandenen Wohnungen, deren Gliederung nach Zimmerzahl und Mietewert gibt folgende Aufstellung (im Jahre 1910) einen Überblick:

Zahl der heizbaren Zimmer:	Anzahl:	Bewohnerzahl:	Wohnungen mit Mietpreis: insgesamt; M.	Wohnungen mit Mietpreis: für eine Wohnung: M.
0	313	750	72 406	231,33
1	33 216	110 772	10 308 309	310,34
2	74 208	292 193	28 917 751	389,69
3 a)	56 453	240 606	27 616 978	489,20
b)	8 907	37 415	6 405 851	719,19
4 a)	12 358	56 604	8 497 385	687,60
b)	14 671	62 809	12 104 382	825,06
5 a)	1 636	8 536	1 764 216	1 078,37
b)	7 239	33 284	8 633 650	1 192,66
6 a)	514	2 977	722 399	1 405,45
b)	3 206	15 994	5 289 825	1 649,98
7	1 722	9 429	3 385 365	1 965,95
8	1 171	6 753	2 656 974	2 268,98
9	730	4 468	1 819 396	2 492,32
10 und mehr ...	2 869	20 142	11 602 596	4 044,12
Zus. im Jahre 1910	219 213 1 806	902 732	129 797 483 3 484 020	592,11
Zus. dagegen im Jahre 1905	175 447	769 845	99 345 944	566,24

a) ohne Mädchenzimmer
b) mit „

Die Betrachtung dieser Aufstellung zeigt, daß der weit überwiegende Teil der Bevölkerung in sog. „Kleinwohnungen“ untergebracht ist. Dieser Begriff ist allerdings nicht etwas Feststehendes und eine Abgrenzung nach oben ist nicht scharf zu ziehen, jedenfalls gehören zu ihnen sämtliche Wohnungen mit nur 1—2 Zimmern und Küche. Weiterhin werden hier mit May die 3—4 Zimmerwohnungen ohne Mädchenzimmer dazugezählt. Die 4 Zimmerwohnungen hiervon stellen sich nach ihrem Durchschnittsmietewert billiger als die 3 Zimmerwohnungen mit Mädchenzimmer. Sie werden von den unteren Einkommenschichten mit großer Kinderzahl oder mit Einlogierern benutzt. Dieser Einteilung wird hier der Vorzug vor der Gliederung des statistischen Amtes[1] gegeben, bei der der

[1] Nr. 6. Der Kleinwohnungsmarkt in der Stadt Hamburg.

Mietewert bis M. 600 als starre Grenze angesetzt ist. Beim Vergleich mit anderen Städten ist im Auge zu behalten, daß in den Städten Nordwestdeutschlands die Zimmer in der Regel kleiner sind, als in Mittel- und Ostdeutschland. Eine 3 Zimmerwohnung in Hamburg steht im allgemeinen auf einer Linie mit einer 2 Zimmerwohnung in Berlin, Leipzig oder Breslau.

Bei der Abgrenzung bildeten im Jahre 1910 die Wohnungen ohne Mädchenzimmer bis zu einschließlich 4 heizbaren Zimmern 81% der Wohnungen. Sie beherbergten 78% der Bevölkerung und brachten 58% der Wohnungsmieten auf. Zur Bestreitung der Miete wenden die sie bewohnenden Einkommenklassen unter M. 3000 durchschnittlich 15% ihres Einkommens auf.

Die Verteilung der Art der Wohnungen über die Stadt ist durchaus ungleichmäßig. Nach der Darstellung des Statistischen Amtes, in der M. 600 Mietewert als obere Grenze für den Begriff „Kleinwohnungen" angesetzt ist, bestehen in Barmbeck, Billwärder Ausschlag und Kleiner Grasbrock über 90%, in Hammerbrook, Uhlenhorst Ost, Horn und Veddel über 80% aller Wohnungen aus Kleinwohnungen.

Mit Zentralheizung waren 1910 von 248 365 Wohnungen nur 10 791 ausgestattet.

Die Zahl der Wohnungen deckt sich annähernd mit der Zahl der in Hamburg vorhandenen Haushaltungen und diese wie oben gezeigt wurde annähernd mit der Zahl der Verheirateten und Verwitweten. Auch ist der Einfluß der jährlichen Heiratsziffer auf den Wohnnngsbedarf unverkennbar. An Haushaltungsvorständen wurden für das Jahr 1910 226 715 festgestellt, hiervon 46 700 hatten Einlogierer aufgenommen. Die 73 000 Einlogierer (davon 13 000 weibliche) verteilen sich auf diese Anzahl von Wohnungen. Über die in den einzelnen Haushaltungen vorhandene Personenzahl und die Zahl der Haushaltungsmitglieder ist näheres aus dem Jahresbericht 1911 zu ersehen.

In den vorher genannten Zahlen sind die Geschäftslokalitäten nicht berücksichtigt. Im Jahre 1912 standen für gewerbliche Zwecke 38 000 Gelasse mit einem Mietwert von 65 Mill. Mark zur Verfügung. Im Jahre 1895 betrug der Mietewert der Geschäftslokalitäten, worunter sowohl Läden als auch Kontore einbegriffen sind, 25 Mill. Mark, während die Gesamtzahl der Räume nur um 91% gestiegen ist, zeigt der Mietwert eine Steigerung von 160% auf.

Im Jahre 1912 gab es in Hamburg 26 933 bebaute Grundstücke, die sich auf 18 911 Grundeigentümer verteilten. Die Zahl einschließlich der unbebauten Grundstücke beträgt 28 513.

Der jährliche Gesamtzuwachs an Wohnungen in den letzten Jahren vor dem Kriege betrug:

1912:	10 387,	davon	1—4	Zimmer	8 336
1913:	7 402,	„	1—4	„	6 167
1914:	3 050,	„	1—4	„	2 054

Infolge der geringen Bautätigkeit vor dem Kriege ist die Wohnungsnot, namentlich bei Kleinwohnungen, sehr dringend geworden.

Über das Problem unterrichtet am besten eine kleine Schrift des Statistischen Amtes.[1] In sehr interessanter Weise wird die Frage erörtert, bei welchem Prozentsatz der Leerwohnungen ein Wohnungsmangel als gegeben anzusehen ist. Hierbei wird darauf hingewiesen, daß die Beurteilung des Wohnungsmarktes sowohl nach einzelnen Stadtteilen, wie nach verschiedenen Wohnungsgrößenklassen zu erfolgen hat. Ferner kommt die Häufigkeit der Umzüge bei der Arbeiterbevölkerung in Frage, die durch den Wechsel der Arbeitsstätte bei veränderter Konjunktur bewirkt wird. Es wird angenommen, daß infolgedessen bei den Kleinwohnungen der Prozentsatz der leerstehenden Wohnungen etwa doppelt so groß sein muß, als bei den größeren Wohnungen vorhanden ist. Es wird demnach 4 % für Kleinwohnungen bei einem auf Erfahrungen beruhenden Normalsatz von 2 % als hinreichend angesehen.

Der Bericht stellt fest, daß schon 1916 in den Kleinwohnungsstadtteilen Wohnungsmangel herrschte und daß der Vorrat an Kleinwohnungen von damals 12 000 durch die nach dem Kriege als wohnungsuchenden auftretenden Haushaltungen völlig absorbiert wurden. Die Voraussage ist in vollem Umfange eingetroffen.

Die Wohnungsnot wird in dem jetzigen Augenblick noch besonders durch den Mangel an Baumaterialien verschlimmert, der die Inangriffnahme von Bauten unmöglich macht. Es spielt hier auch die Lahmlegung von Kohlenproduktion eine Rolle, denn die Herstellung von Ziegel, Zement und eisernen Trägern ist von der Kohlenzufuhr abhängig. Zum Garbrand von einer Million Ziegel sind beispielsweise etwa 170 t Steinkohle erforderlich. Um welche gewaltige Aufgabe es sich handelt, zeigt die Zahl über die Entwicklung der Bautätigkeit in Hamburg. Während im Jahre 1893 519 Neubauten mit einer Bausumme von 24,8 Millionen Mark unternommen wurden, betrugen die Zahlen für 1912 1166 Neubauten im Werte von 79,4 Millionen Mark. Die gesamte Entwicklung ist in der Anlage 5[2] zur Darstellung gebracht. Sie ist den Jahresberichten der Baupolizeibehörde entnommen, wobei die Bausummen auf 100 000 Mark abgerundet sind. Sie geben ein Bild von der Kapitalsanlage, die in dieser Zeit in Bauten statt-

[1] Nr. 6. Der Kleinwohnungsmarkt. 1919.
[2] S. 50

gefunden hat. Es wäre verlockend, die Einwirkung des allgemeinen Konjunkturverlaufes auf diese Summen festzustellen.

Um eine Vorstellung von der Arbeiterzahl zu geben, die im Bauhandwerk 1907 tätig gewesen ist, werden in Anlage 5 weiterhin in runden Summen die wichtigsten Berufsgruppen aufgeführt. Eine Untersuchung über die jährlich im Baugewerbe gezahlten Lohnsummen, um sie mit den aufgeführten Bausummen in Beziehung zu setzen, scheiterte daran, daß die Einteilung der Berufsgenossenschaften, die eine jährliche Erhebung der gezahlten Lohnsummen für die Grundlage ihres Umlegeverfahrens veranstalteten, nicht mit den staatlichen Grenzen übereinstimmt.

Auf die Höhe der Mieten hat natürlich die Art der Aufschließung und der baupolizeilichen Vorschriften über Bautätigkeit einen Einfluß. Es macht sich in Hamburg geltend, daß bei vielen Aufschließungen übertriebene Straßenbreiten, meist mit kostspieligem Pflaster, gebaut sind, überhaupt der Unterschied zwischen Wohn- und Verkehrsstraße erst langsam zur Geltung gekommen ist. Bei den baupolizeilichen Vorschriften ist eine Milderung der Vorschriften bei gelockerter Bauweise wohl angängig. Insbesondere würde eine Ersparnis eintreten, wenn in den Außenbezirken von einer Besielung abgesehen würde.

In der kürzlich erlassenen Reichsverordnung zur Behebung der dringendsten Wohnungsnot und dem Hamburger Gesetz zur Förderung des Baues kleiner Wohnungen ist diesen Anforderungen Rechnung getragen. Die Baupolizeibehörde kann Ausnahmen von einengenden Vorschriften erlassen.

Auf die großen Probleme der kommunalen Wohnungspolitik, der Niederhaltung der Spekulation, der Verkehrs- und damit verbundenen Tarifpolitik, sowie der Finanzierung des Bauwesens, die noch in Hamburg der Lösung harren, soll zum Schluß hingewiesen werden.

8. Die Lebensmittelversorgung der hamburgischen Bevölkerung.

Die Frage der Lebensmittelversorgung wird noch auf Jahre hinaus im Vordergrund stehen. Aus Valutarücksichten wird Deutschland seinen Bedarf an ausländischen Lebensmitteln und Futterstoffen soweit wie möglich einschränken müssen, um andere notwendige Rohstoffe zu erschwinglichen Preisen beziehen zu können. Es wird daher auch fernerhin die Aufgabe bestehen, den heimischen Boden aufs äußerste zur Deckung des Nahrungsmittelbedarfs heranzuziehen. Hierbei wird einmal die Düngerfrage eine wichtige Rolle spielen. Die Deckung des Düngerbedarfs ist zurzeit in sehr großem Umfang von der Transportfrage und der Kohlenproduktion abhängig, von dieser insbesondere, als die Herstellung des deutschen Stickstoffdüngers in Frage kommt.

Weiterhin ist die landwirtschaftliche Produktion abhängig von der Landarbeiterfrage. Diese wird, abgesehen von der allgemeinen Landflucht, die durch die Kriegsindustrie vielfach gefördert ist, auch noch durch das Ausbleiben der polnischen und galizischen Wanderarbeiter erschwert. Die Unterbringung des städtischen Überschusses an Arbeitslosen auf dem Lande ist bei der Abneigung des gewerblich tätig gewesenen Arbeiters gegen landwirtschaftliche Arbeit, ein ganz ungemein schwieriges Problem. Es kommt hinzu, daß zurzeit die Unterbringung und vor allem die Regelung der Arbeitszeit auf dem Lande sich mit den Anforderungen, die ein städtischer Arbeiter stellt, kaum in Einklang bringen läßt.

Mit der Unterbringung des städtischen Überschusses auf dem Lande ist eng verbunden die Frage, ob für die landwirtschaftliche Produktion zur Sicherstellung der Volksernährung der Klein- oder Großbetrieb der leistungsfähigere ist. Nach den Erfahrungen des Krieges und den Untersuchungen, insbesondere von Ballod, dürfte wohl dem Großbetriebe, der unbestritten von jeher der Träger des Fortschritts in der landwirtschaftlichen Produktionstechnik war, der Vorzug zu geben sein. Keinesfalls kann eine allgemeine Umwandlung des Großbesitzes in Kleinsiedelungen für eine Förderung rationeller Wirtschaft vertreten werden.

Ein völlig anders geartetes Problem ist die Unterbringung eines Teils der in der Stadt ihrem Hauptberuf nachgehenden Bevölkerung in gelockerter Siedlungsweise in den Vorstädten. Hier wird einem Teil der Bevölkerung Gelegenheit gegeben werden können, im Nebenberuf einen Teil ihres Lebensunterhaltes selbst ziehen zu können. Wie stark das Bedürfnis hierfür ist, kann aus der Ausdehnung der Schrebergärtenbewegung geschlossen werden. Allerdings dürfen die Gärten nicht kleiner als 750—1000 qm bemessen werden, soll eine rationelle Kleinwirtschaft möglich sein.

Im hamburgischen Staatsgebiet befanden sich nach der Aufnahme von 1907 rund 15 000 landwirtschaftliche Betriebe. Hiervon fiel die weitaus größte Zahl in die Größenklasse unter 5 a (7 377). Auf die Größenklasse 5—20 a kamen 3 148, auf die Klasse 0,2—1 ha 2 224 Betriebe. In diese Klasse fällt die überwiegende Zahl der Maiblumen- und Erdbeerenkulturen der Vierlande. An Betrieben über 20 ha bestanden 361, von diesen hatten 15 eine Größe von über 100 ha.

Von der landwirtschaftlich benutzten Fläche entfielen

15 625 ha auf Ackerland, 2 464 ha auf Gartenland. Von dieser Fläche waren 364 ha mit Erdbeeren und 169 ha mit Maiblumen angebaut.

Über den Bestand an Obstbäumen[1] im hamburgischen Staatsgebiet hat 1913 eine Aufnahme stattgefunden. In demselben Jahre ist ebenfalls der Viehbestand festgestellt worden.

Bei dem großen Bedarf an Lebensmitteln fallen diese Flächen nicht erheblich ins Gewicht. Die einleitenden Ausführungen sind in diesem Rahmen aber doch von Interesse, da natürlich der Umfang der gesamten deutschen Produktion auf die Versorgung von Hamburg seine starke Rückwirkung ausüben wird. Um welche Mengen es sich handelt, ist in folgendem kurz skizziert.

Als Unterlagen sind die Berechnungen von May genommen, sie gründen sich auf Untersuchungen, die vom Konsum ausgehen, während andere Arbeiten über das Thema der Verbrauchsfeststellung, die Produktion, nämlich die Erntemengen, zum Ausgangspunkt nahmen. Zur Begründung der Vorzüge der ersten Methode wird auf die Ausführungen von May verwiesen.

Nach seinen Berechnungen für 1913 betrug der Fleischverbrauch von Hamburg mit Nachbarorten, unter Zugrundelegung einer Bevölkerung von 1 200 000 Menschen:

21,5 Mill.	kg	Rindfleisch	im	Werte	von	44 828	Mill.	Mark
4,6	„	„ Kalbfleisch	„	„	„	11 376	„	„
37,5	„	„ Schweinefleisch	„	„	„	174 329	„	„
2,13	„	„ Hammelfleisch	„	„	„	4 537	„	„

Zusammen würde dies also einen Verbrauch von 65,93 Mill. kg Fleisch im Werte von 235.070 Mill. Mark sein. Als Preise sind die häufigsten Kleinhandelspreise eingesetzt.

Ein anschauliches Bild von den Viehmengen, die dem Konsum der Großstadt jährlich dienen, gibt die Umrechnung dieses Fleischgewichtes unter Zugrundelegung des damaligen durchschnittlichen Schlachtgewichtes die Zahl der erforderlichen lebenden Tiere. Es werden benötigt etwa 81 000 Rinder, etwa 62 000 Kälber, etwa 395 000 Schweine und etwa 89 000 Hammel.

Bei dem gegenwärtigen geringeren Futterzustand des deutschen Viehstapels würden jetzt natürlich weit höhere Zahlen in Betracht kommen. Diese Zahlen wird man den jetzigen Bestandsziffern der Hauptviehversorgungsgegenden Hamburgs gegenüberstellen müssen, um die Aussichten der künftigen Versorgung bewerten zu können.

An zweiter Stelle ist der Brotbedarf anzuführen. Bei einem Verbrauch von etwa 105 kg Mehl, wovon etwa die Hälfte auf Roggen und die andere Hälfte auf Weizen entfällt, für Brot und

[1] Bericht 1913 S. 24

[2] Schriften d. Ver. für Soz.-Pol. Bd. 145 IV S. 383.

sonstige Zwecke stellt sich pro Kopf der Bevölkerung der Bedarf an Getreide bei Ausmahlung von durchschnittlich 80 % für eine Bevölkerung von 1 000 000 Menschen auf etwa 131 000 t jährlich.

Bei einer durchschnittlichen Ernte von 15 dz Roggen und 20 dz Weizen pro ha ist zur Deckung dieses Bedarfs eine Anbaufläche von etwa 43 666 ha = 174 664 Morgen zu 2500 qm für Roggen und eine Anbaufläche von 32 750 ha = 131 000 Morgen für Weizen erforderlich. Die Gesamtfläche zur Deckung des Bedarfs von Brotgetreide würde demnach auf 75 416 ha oder 305 664 Morgen zu beziffern sein.

Der Kartoffelbedarf von 110,54 kg auf den Kopf der Bevölkerung ergibt einen Jahresbedarf für eine Millionenstadt von 110 540 t. Bei einer Ernte von 130 dz pro ha würden für den Anbau 8503 ha = 34 012 Morgen erforderlich sein.

In Anlage 7 ist der jährliche Verbrauch weiterer wichtiger Lebensmittel behandelt. Die Aufstellung regt zu Betrachtungen über den Transportmittelbedarf zur Heranschaffung dieser Mengen, zur Frage des Umsatzes der Detailgeschäfte und schließlich zu der Frage an, ob der Bedarf Hamburgs an Brot und Getreide, Vieh und Kartoffeln von der Landwirtschaft der nächsten Umgebung gedeckt werden kann. Bei den gegenwärtigen Anbauverhältnissen ist dieses nicht der Fall. Ob in Zukunft das geschehen könnte, ist eine Sonderfrage, die an Hand des bestehenden Anbaues und der Bodenbeschaffenheit im einzelnen zu untersuchen wäre. Die Frage ist im Zusammenhang mit den Plänen einer Vergrößerung des hamburgischen Staatsgebietes aufgetaucht. Von verschiedenen Seiten wird vorgeschlagen, die Nahrungsmittelversorgung zum Ausgangspunkt für die Grenzziehung zu machen. Bei dem vielseitigen Bedarf Hamburgs ist dieses nicht durchzuführen. Es wäre auch verkehrt, abgesehen von allen anderen und aus Gründen der Risikoverteilung, Hamburg auf ein einheitliches Gebiet anzuweisen, da bei einer Mißernte in diesem Gebiet die Versorgung in Frage gestellt wird. Ist die Versorgung auf ein großes Gebiet verteilt, so würden Ernterückschläge nicht von wesentlich geringerer Bedeutung sein.

9. Schlußwort.

Die vorliegenden Ausführungen bilden eine flüchtige Skizze des Hamburger Wirtschaftslebens. Sie sind eine Zusammenfassung von Notizen, die der Verfasser gemacht hat, um sich selbst einen Überblick über das wirtschaftliche Geschehen in Hamburg zu verschaffen. Viele Punkte sind hierbei unberührt geblieben. Viele Zusammenhänge sind nicht zur Darstellung gelangt. Jedoch erschien es richtig, die kleine Schrift in ihrer gegenwärtigen Aufmachung der Öffentlichkeit zu übergeben, da es an einer kurzen Darstellung dieser Gebiete fehlt. Im jetzigen Augenblick kommt es in erster Linie darauf an, über die Grundzüge des ganzen wirtschaftlichen Aufbaues und der Entwicklungstendenzen sich klar zu werden. Der Mann im Berufsleben hat aber in den meisten Fällen nicht Zeit, sich dem Studium von Werken hinzugeben, die mit deutscher wissenschaftlicher Gründlichkeit verfaßt sind. Zudem werden in diesen nur zu oft die Grundtatsachen unter einem Rankenwerk von Sonderbetrachtungen der Aufmerksamkeit entzogen.

Zu wünschen ist aber, daß jeder sich mit dem Problem der politischen und wirtschaftlichen Gestaltung des Staatslebens beschäftigt, nur dann kann die öffentliche Meinung eine starke und fruchtbringende Kritik an der Entwicklung üben. Das Fehlen einer solchen hat aber die mangelhafte Auslese an politischen Führern verschuldet. Die Folgen des Ungeschicks seiner Führer auf außer- und innerpolitischem Gebiet hat Deutschland mit dem Zusammenbruch zu büßen gehabt.

Die Zahlen, insbesondere des Handels, zeigen, welche Leistung erfordert wird, um Hamburg zu seiner alten Höhe emporzubringen. Sie sollen ein Ansporn sein, alle Kräfte zum Wiederaufbau des Hamburger Wirtschaftslebens zusammenzufassen.

Das hamburgische Geistesleben, das jetzt in der Universität einen Mittelpunkt erhalten hat, wird zur Mitarbeit aufgeboten. Die Durchdringung der Verwaltung mit neuen, schon bewährten Ideen der Kommunalpolitik, die Fruchtbarmachung aller inländischen und ausländischen Erfahrungen für das Verwaltungs- und Wirtschaftsleben Hamburgs wird Aufgabe dieses Instituts sein. Die Verbindung von wissenschaftlicher Anregung mit dem nüchternsten, auf Sparsamkeit bedachten Hanseatengeist muß den Weg zu einer neuen Blüte Hamburgs bahnen.

Anfang April 1919 abgeschlossen.

Anlage 1.

Literatur.

Handelskammer Hamburg. Die Industrie und ihre Zukunft, 1917.

R. E. May. Das Hamburger Volkseinkommen im Jahre 1907. Schmollers Jahrbuch 1910. I. S. 319, 1909. IV.

„ Die deutsche Volksernährung, gemessen am Konsum großer Konsumanbaukreise. (Sonderabdruck aus Schmollers Jahrbuch 41. Jahrgang, 1. und 2. Heft) München und Leipzig 1917.

„ Kosten der Lebenshaltung und Entwicklung der Einkommenverhältnisse in Hamburg seit 1890. (Schriften des Vereins f. Sozialpolitik Bd. 145. IV. 1915.

Statistische Mitteilungen über den hamburgischen Staat:

Nr. 1 Bevölkerung des hamburgischen Staates und der Stadt Hamburg nach Beruf und Stellung am 12. Juni 1907.

„ 2 Berufsaufnahme vom 12. Juni 1907 (Beruf, Altersklassen und Familienstand).

„ 3 Die Bevölkerung des hamburgischen Staates am 12. Juni 1907 nach dem Beruf und dem Geburtsort.

„ 4 Die Gewerbebetriebe im hamburgischen Staat am 12. Juni 1907.

„ 5 Der Einfluß des Krieges auf den natürlichen Bevölkerungswechsel im hamburgischen Staat in den Jahren 1914—1917. 1919.

„ 6 Der Kleinwohnungsmarkt in der Stadt Hamburg während des Krieges und seine mutmaßliche Gestaltung nach dem Kriege. 1919.

Jahresberichte des Statistischen Amtes (zitiert als Jahresberichte).

Medizinalkollegium. Die Gesundheitsverhältnisse Hamburgs im 19. Jahrhundert (Verlag Leopold Voss.) 1901.

A. Weber. Ueber den Standort der Industrien. 1909.

Bevölkerungszahlen, Eheschließungen, Geburten und Sterbefälle im Staat Hamburg 1866—1915[1]

Jahre	Bevölkerungszahl	Eheschließungen		Geborene		Gestorbene		Überschuß der Lebendgeborenen über die Gestorbenen
		Anzahl	auf 1000 Bewohner	Anzahl	auf 1000 Bewohner	Anzahl	auf 1000 Bewohner	
	1	2	3	4	5	6	7	8
1866	292 600	2 897	9,90	9 604	32,82	7 814	26,71	1 307
1867	302 730	3 170	10,47	10 106	33,38	6 563	21,68	3 072
1868	311 240	4 040	12,98	10 842	34,83	7 318	23,51	3 025
1869	319 360	3 658	11,45	11 503	36,02	8 014	25,09	2 962
1870	327 470	3 247	9,92	12 262	37,44	8 105	24,75	3 593
1871	335 590	3 274	9,76	11 846	35,30	12 833	38,24	— 1 544
1872	346 210	3 949	11,41	13 416	38,75	9 049	26,14	3 732
1873	358 620	4 256	11,87	13 835	38,58	10 576	29,49	2 620
1874	371 040	4 249	11,45	14 747	39,75	9 661	26,04	4 455
1875	383 450	4 537	11,83	15 226	39,71	9 822	25,61	4 814
1876	396 230	4 617	11,65	16 470	41,57	9 705	24,49	6 137
1877	409 280	4 462	10,90	16 655	40,69	10 189	24,89	5 865
1878	422 230	4 243	10,05	16 879	39,97	10 911	25,84	5 339
1879	435 380	4 041	9,28	17 410	39,99	11 068	25,42	5 692
1880	448 430	4 164	9,29	17 628	39,31	11 188	24,95	5 834
1881	461 420	4 050	8,78	17 764	38,50	11 140	24,14	6 038
1882	474 370	4 165	8,78	18 170	38,30	11 264	23,75	6 262
1883	487 320	4 282	8,79	18 193	37,33	12 278	25,20	5 320
1884	500 270	4 424	8,84	18 413	36,81	12 577	25,14	5 169
1885	513 220	4 344	8,46	18 469	35,99	12 983	25,30	4 849
1886	525 380	4 592	8,74	18 707	35,61	15 247	29,02	2 828
1887	539 250	4 924	9,13	19 009	35,25	14 350	26,61	4 000
1888	560 360	5 393	9,62	19 841	35,41	13 735	24,51	5 446
1889	585 950	5 799	9,90	21 566	36,81	13 584	23,18	7 316
1890	611 790	6 007	9,82	22 561	36,88	13 193	21,56	8 663
1891	632 430	6 157	9,74	23 680	37,44	14 670	23,21	8 276
1892	641 700	5 979	9,32	23 772	37,05	25 364	39,53	— 2 452
1893	646.860	6 409	9,91	24 111	37,27	12 977	20,06	10 433
1894	659 580	6 123	9,28	24 019	37,42	11 791	17,88	11 476
1895	674 430	5 967	8,85	23 693	35,13	12 726	18,87	10 158
1896	691 440	6 253	9,04	24 301	35,15	11 843	17,13	11 687
1897	710 310	6 369	8,97	24 232	34,11	12 002	16,90	11 392
1898	727 560	6 307	8,67	24 083	33,10	12 587	17,30	10 748
1889	743 860	6 507	8,75	23 479	31,56	12 851	17,28	9 812
1900	761 130	6 442	8,46	22 980	30,19	13 227	17,38	8 991
1901	780 190	6 583	8,44	22 688	29,08	13 321	17,07	8 618
1902	797 850	6 617	8,29	22 464	28,16	12 915	16,19	8 847
1903	814 290	6 892	8,46	22 065	27,10	13 511	16,59	7 841
1904	835 000	7 372	8,83	22 594	27,06	13 011	15,58	8 802
1905	862 440	7 716	8,95	23 115	26,80	13 571	15,74	8 793
1906	889 960	8 177	9,19	23 827	26,77	13 501	15,17	9 595
1907	919 780	8 287	9,01	24 038	26,13	13 496	14,67	9 736
1908	944 420	8 346	8,84	25 062	26,54	14 254	15,09	10 018
1909	968 190	8 032	8,30	24 357	25,16	13 971	14,43	9 586
1910	1 000 080	8 578	8,58	23 999	24,00	13 996	13,99	9 235
1911	1 030 120	9 007	8,74	23 414	22,73	15 040	14,60	7 574
1912	1 063 540	9 549	8,98	23 846	22,43	14 271	13,42	8 791
1913	1 093 920	9 362	8,56	24 234	22,16	13 812	12,63	9 635
1914	1 103 152	10 952	9,89	23 738	21,52	14 273	12,94	8 601
1915	1 103 152	7 062	6,40	18 106	16,41	13 704	12,42	3 785
Im Durchschnitt	636 290	5.837	9,17	19 740	31,02	12 397	19,18	6 655

[1] Öffentlicher Anzeiger v. 18. März 1916.

Anlage 3.

Die Gewerbebetriebe im hamburgischen Staate und die in ihnen tätigen Personen, 12. Juni 1907.

Gewerbegruppen und -klassen	Anzahl der Betriebe		Tätige Personen			
	Haupt- Betriebe	Neben- Betriebe	Inhaber, Leiter	Angestellte	Gehilfen Arbeiter	zusammen
	1	2	3	4	5	6
I. Gärtnerei usw.	**1 021**	**28**	**900**	**59**	**2 894**	**3 853**
II. Tierzucht, Fischerei	**298**	**33**	**329**	**72**	**477**	**878**
a) Tierzucht	14	13	15	18	65	98
b) Fischerei	284	20	314	54	412	780
III. Bergbau, Hütten, Salinen	**9**	**2**	**10**	**53**	**530**	**593**
IV. Steine u. Erden	**161**	**8**	**172**	**134**	**1 511**	**1 817**
a) Steine	76	—	85	63	524	672
c) Kalk, Zement	20	—	22	21	226	269
e) Lehm- u. Tonw.	24	4	23	11	321	355
f) Glasindustrie	40	—	41	38	421	500
V. Metallarbeit	**1 526**	**13**	**1 443**	**633**	**9 885**	**11 961**
a) Edle Metalle	110	5	114	49	715	878
b) Unedle Metalle	168	1	155	178	1 686	2 019
c) Eisen, Stahl	1 248	7	1 174	406	7 484	9 064
VI. Maschinenind.	**1 317**	**67**	**1 218**	**2 547**	**17 342**	**21 107**
a) Masch. Apparate	272	3	262	987	5 952	7 201
b) Mühlenbau	4	—	3	19	145	167
c) Wagenbau	199	9	165	146	1 715	2 026
d) Schiffsbau	130	3	107	623	5 697	6 427
f) Zeitmeßinstrum.	220	27	217	18	181	416
g) Musikinstrum.	86	15	83	52	740	875
h) Math., phys. Instr.	140	6	149	76	643	868
i) Lampen	15	—	15	49	215	279
k) Elektr. Maschinen	248	4	214	577	2 054	2 845
VII. Chem. Industrie	**201**	**5**	**240**	**721**	**2 195**	**3 156**
a) Chem. Großind.	26	—	31	128	716	875
b) Sonst. chem. Präp.	73	2	91	255	654	1 000
c) Apotheken	62	—	65	157	181	403
d) Farbenmaterialien	28	3	36	151	310	497
f) Düngerfabr.	7	—	10	28	323	361
VIII. Forstw. Nebenprodukte, Seifen, Öle	**95**	**3**	**113**	**644**	**1 967**	**2 724**
b) Gasanstalten	8	—	7	182	683	872
c) Licht- u. Seifenfabr.	28	2	34	144	457	635
d) Ölmühlen	7	—	13	97	181	291
e) Öl, Lack, Parfüms	51	1	59	220	645	924
IX. Textilindustrie	**469**	**36**	**459**	**229**	**1 822**	**2 510**
b) Spinnerei	13	—	11	36	510	557
c) Weberei	14	—	9	113	275	397
e) Strickerei	95	9	94	2	117	213
f) Stickerei	211	25	216	16	95	327
g) Färberei	28	—	27	4	120	151
h) Posamentenfabr.	24	—	25	4	95	124
i) Seilerei	77	2	70	54	603	727
X. Papierindustrie	**273**	**8**	**228**	**74**	**1 576**	**1 878**
a) Papier u. Pappe	13	—	13	28	122	163
b) Buchbinderei	260	8	215	46	1 454	1 715
XI. Lederindustrie	**972**	**35**	**959**	**561**	**4 910**	**6 430**
a) Gerberei	19	2	22	15	328	365

Gewerbegruppen und -klassen	Anzahl der Betriebe: Haupt- Betriebe	Neben- Betriebe	Tätige Personen: Inhaber, Leiter	Angestellte	Gehilfen Arbeiter	zusammen
	1	2	3	4	5	6
b) Treibriemenfabr.	3	—	3	42	105	150
c) Wachstuchfabr.	7	1	3	4	45	52
e) Tapeziererei	917	30	902	122	1 670	2 694
f) Gummiwaren	26	2	29	378	2 762	3 169
XII. Holz- und Schnitzstoffe	**2 235**	**64**	**2 243**	**701**	**10 980**	**13 924**
a) Holzzurichtung	47	—	60	56	707	823
b) Tischlerei usw.	1 577	26	1 597	383	7 147	9 127
c) Böttcherei	115	3	96	41	546	683
d) Korbmacher	151	26	148	61	1 148	1 357
f) Sonst. Flechterei	15	—	12	18	266	296
g) Drechslerei	222	3	224	58	521	803
h) Bürsten, Schirme	107	6	105	84	644	833
XIII. Nahrungsmittel	**2 466**	**75**	**2 508**	**1 937**	**14 671**	**19 116**
a) Veget. Nahrung	683	11	686	698	5 691	7 075
b) Animal.	1 047	40	1 081	194	3 107	4 382
c) Konservenfabr.	19	—	19	46	139	204
d) Nahrung f. Tiere	8	—	8	25	220	253
e) Getränke	221	3	198	554	3 305	4 057
f) Tabak	488	21	516	430	2 209	3 145
XIV. Bekleidung	**11 565**	**485**	**11 630**	**880**	**11 719**	**24 229**
a) Kleidung, Wäsche	8 778	378	8 859	838	10 275	19 972
b) Schuhmacherei	2 786	107	2 771	42	1 444	4 257
XV. Reinigung	**3 435**	**182**	**3 427**	**275**	**6 577**	**10 279**
a) Barbieren	1 496	63	1 506	—	1 132	2 638
b) Baden, Waschen	1 727	103	1 715	133	3 904	5 752
c) Sonst. Reinigung	212	16	206	142	1 541	1 889
XVI. Baugewerbe	**4 128**	**95**	**4 210**	**2 326**	**29 709**	**36 245**
a) Bauunternehmg.	731	14	754	1 583	12 524	14 861
b) Feldmesser	6	—	7	111	141	259
c) Mauerei	484	6	497	229	5 521	6 247
e) Zimmerei	248	4	235	136	3 050	3 421
f) Glaserei	354	13	358	37	448	843
g) Malerei	1 221	27	1 239	73	4 011	5 323
i) Stukkateure	93	—	110	13	665	788
k) Dachdecker	66	18	64	14	208	286
l) Steinsetzer	27	1	24	3	473	500
m) Brunnenbau	12	1	11	3	28	42
n) Gasfitter usw.	512	3	527	111	2 050	2 688
o) Ofensetzer	279	1	286	13	466	765
p) Schornsteinfeger	76	—	80	—	104	184
XVII. Polygr. Gew.	**607**	**25**	**630**	**517**	**4 724**	**5 871**
a) Schriftschneiderei	16	—	19	20	166	205
b) Holzschnitt	6	—	6	1	5	12
c) Buchdruckerei	420	6	429	453	4 296	5 178
d) Photographie	165	19	176	43	257	476
XVIII. Künstlerische Gewerbe	**273**	**15**	**277**	**21**	**169**	**467**
a) Maler u. Bildh.	169	6	173	6	31	210
b) Graveure	61	2	62	8	101	171
c) Musterzeichner	26	2	24	5	27	56
d) Sonst. künstl. Gew.	17	5	18	2	10	30
XIX. Handelsgewerbe	**31 096**	**1 452**	**31 090**	**28 228**	**59 799**	**119117**
Warenhandel	22 136	786	21 550	18 526	40 254	80 330

Gewerbegruppen und -klassen	Anzahl der Betriebe		Tätige Personen			
	Haupt-	Neben-	Inhaber, Leiter	Ange-stellte	Gehilfen Arbeiter	zu-sammen
	Betriebe					
	1	2	3	4	5	5
b) Geld- u. Kredithdl.	484	68	600	2 668	605	3 873
c) Buch- u. Kunsthdl.	442	45	432	553	1 938	2 923
d) Hausierhandel	2 360	117	2 364	—	136	2 500
e) Handelsvermittelg.	4 461	194	4 866	4 270	1 252	10 388
f) Hilfsgew. d. Hdls.	327	78	330	1 129	12 520	13 979
g) Stellenvermittelg.	886	164	918	1 082	3 094	5 124
XX. Versicherungsgw.	**666**	**212**	**655**	**3 093**	**420**	**4 168**
XXI. Verkehrgew.	**2 629**	**175**	**3 361**	**10 486**	**36 345**	**50 192**
a) Landtransport	1 460	94	1 452	2 651	6 793	10 896
b) Wassertransport	813	10	1 450	7 362	27 250	36 062
c) Hafendienst	31	—	20	144	451	615
d) Reisebureaus	17	1	21	95	29	145
e) Lohndiener	222	21	223	44	522	789
f) Straßenreinigung	10	7	7	161	922	1 090
g) Abdeckerei	1	—	1	1	11	13
h) Leichenbestattung	75	42	187	28	367	582
XXII. Gast- u. Schankwirtschaft	**7 907**	**649**	**7 767**	**358**	**15 067**	**23 192**
a) Beherbergung	2 752	547	2 800	101	2 629	5 530
b) Schankwirtschaft	5 155	102	4 967	257	12 438	17 662
XXIII. Musik, Theater	**1 217**	**196**	**1 218**	**926**	**465**	**2 609**
a) Musik, Gesang	1 015	180	1 017	332	8	1 357
b) Theater	43	4	47	485	202	734
c) Schaustellung	159	12	154	109	255	518
XXIV. Heilanst. usw.	**1 250**	**137**	**1 245**	**985**	**2 113**	**4 343**
XXV. Fach-, Privatschulen und Erziehungsanstalten	**391**	**98**	**401**	**1 334**	**417**	**2 152**
XXVI. Feuerlöschw.	**2**	—	**1**	**46**	**476**	**523**

Anlage 4.

Die wichtigsten Waren des Hamburger Überseehandels 1913.

	Einfuhr 1913 seewärts		Ausfuhr 1913 seewärts	
	dz	M.	dz	M.
1. Roher Kaffee	2 116 000	276 177 000	855 000	113 254 000
2. Getr. u. ges. Rindhäute .	1 294 000	255 075 000	551 000	103 788 000
3. Schafwolle	1 278 000	240 388 000	337 000	59 948 000
4. Kupfer	1 268 000	182 551 000	147 000	20 937 000
5. Salpeter	7 888 000	174 478 000	2 034 000	45 253 000
6. Saaten (Pflanzen)	6 094 000	163 924 000	880 000	41 604 000
7. Kopra	2 304 000	135 374 000	734 000	43 672 000
8. Baumwolle	1 031 000	122 760 000	310 000	39 150 000
9. Kautschuk	167 000	96 950 000	62 000	30 648 00
10. Hanf und Jute	1 691 000	80 906 000	533 000	23 867 00
11. Kakao in Bohnen	643 000	80 556 000	321 000	40 986 000
12. Roher Tabak	548 000	72 645 000	310 000	40 276 000
13. Schmalz	623 000	71 239 000	146 000	16 536 000
14. Reis	3 375 000	67 138 000	2 287 000	54 393 000
15. Mais	5 442 000	62 544 000	1 839 000	20 885 000
16. Früchte aller Art	2 294 000	54 003 000	489 000	17 277 000
17. Schaf-,Lamm-u.Ziegenfelle	178 000	36 058 000	68 000	15 587 000
18. Öle aus trop. Pflanzen . .	422 000	28 947 000	880 000	41 604 000
19. Natürliche Butter	119 000	27 518 000	35 000	8 404 000
20. Verschiedene Gerbstoffe .	609 000	27 513 000	540 000	13 394 000
21. Harz und Gallipot	916 000	24 374 000	381 000	10 876 000
22. Wein	376 000	22 829 000	142 000	10 126 000
23. Wachs und Erdwachs . .	75 000	19 641 000	92 000	13 219 000
24. Zinn	49 000	17 326 000	42 000	16 302 000
25. Eier	94 000	8 741 000	147 000	15 497 000
26. Pfeffer	67 000	8 056 010	33 000	3 920 000
27. Tee	43 000	7 774 000	29 000	5 674 000
28. Gummi und Schellack . .	45 000	6 952 000	19 000	3 316 000
29. Zigarren	2 000	6 081 000	2 000	3 670 000
30. Bearbeiteter Tabak . . .	11 000	1 726 000	9 000	1 265 000

Anlage 5.

Bautätigkeit in Hamburg (Stadt).

Im Jahre:	Neubauten:	Bausummen: Mk.
1889	1 307	74 200 000
1890	940	50 800 000
1891	1 044	49 400 000
1892	1 036	42 400 000
1893	519	24 800 000
1894	447	23 000 000
1895	543	25 700 000
1896	475	26 000 000
1897	442	23 200 000
1898	532	32 700 000
1899	563	30 900 000
1900	521	27 600 000
1901	871	41 400 000
1902	1 054	56 800 000
1903	1 087	54 700 000
1904	1 228	71 100 000
1905	1 572	83 700 000
1906	1 284	83 600 000
1907	1 175	78 800 000
1908	1 096	82 600 000
1909	1 576	99 300 000
1910	1 431	102 200 000
1911	1 223	80 400 000
1912	1 166	79 400 000

Baugewerbe.

Zahl der 1907 tätigen Arbeiter 35 000

davon u. a.:

Bauunternehmung	10 300	Gas- und Wasserinstallateur	2000
Maurer	8 500	Steinsetzer, Plasterer	1000
Stubenmaler	6 200	Ofensetzer	900
Zimmerer	4 000	Glaser	850

Stukkateure 800.

Anlage 6.

Die Bevölkerung nach Berufsabteilungen in den Gebietsteilen (1907).

Berufsabteilungen	Berufsangehörige überhaupt (Erwerbende, Dienende, Angehörige)							
	Stadt Hamburg	Landherrschaft d. Geestlande	Landherrschaft d. Marschlande	Landschaft Bergedorf überhaupt	darunter Stadt Bergedorf	darunter Landgemeinde Geesthacht	Landherrschaft Ritzebüttel überhpt.	darunter Stadt Cuxhaven
A. Landwirtschaft, Gärtner., Fischer.	7 053	2 121	6 626	7 088	256	182	1 366	291
B. Industrie, Baugewerbe.	325 918	4 750	4 700	12 993	7 446	3 471	4 544	3 683
C. Handel, Verkehr	344 313	2 727	2 466	4 839	3 083	813	4 565	4 083
D. Häusl.wechselnde Lohnarb.	23 906	309	153	382	304	39	707	540
E. Öfftl. Dienst, freie Berufe	61 668	2 328	532	1 505	1 022	243	2 525	2 316
F. Rentner, Pension., Berufiose	63 866	4 979	928	1 954	1 330	230	1 488	989
Zusammen:	826 724	17 214	15 425	28 761	13 441	4 978	15 195	11 902

Es gehören an Gemeinden zu der Landherrnschaft der Geestlande:

Farmsen, Volksdorf, Wohldorf, Ohlstedt, Groß-Hansdorf-Schmalenbeck.

Zu der Landherrnschaft der Marschlande:

Billwärder a. d. Bille, Moorfleth, Allermöhe, Sparenland, Tadenberg, Ochsenwärder, Reitbrook, Moorwärder, Moorburg, Finkenwärder, Gr. u. Kl.-Dradenau.

Zu der Landherrnschaft Bergedorf:

Bergedorf-Stadt, Curslack, Altengamme, Neuengamme, Kirchwärder, Ost-Krauel, Geesthacht.

Zu der Landherrnschaft Ritzebüttel:

Cuxhaven-Stadt, Groden, Süder-, Westerwisch, Nöckernbüttel, Sahlenburg, Duhnen, Holte-Spangen, Arensch und Berensch, Gadendorf, Orstedt, Neuwerk.

Anlage 7.

Der Verbrauch einiger wichtiger Nahrungsmittel in Hamburg vor dem Kriege nach R. E. May.

	Jahresbedarf pro Kopf[1] kg	Kleinhandelspreis 1913[2] Mk.	Bedarf für 1 000 000 Einwohner 1000 kg	Kleinhandelswert 1000 Mk.
Schweinefleisch	25,15	1,98	25 150	49 697
Rindfleisch	10,24	2,08	10 240	21 299
Kalbfleisch	2,32	2,37	2 320	5 498
Hammelfleisch	0,79	2,13	790	1 682
Fleisch	38,50	—	38 500	78 177[3]
Fisch	8,62	0,80	8 620	6 896
Weizenmehl	53,20	0,36	53 200	19 665
Roggenmehl	50,88	0,30	50 880	15 264
Mehl für Brot- und Kochzwecke	104,08	—	104 080	34 929
Butter	8,33	2,00	8 330	23 326
Margarine	9,24	1,28	9 240	11 827
Schmalz	1,78	1,82	1 780	3 239
Fette	19,35	—	19 350	38 393
Milch	122,75 l	0,22	122 750 l	27 005
Käse	3,36	2,16	3 360	7 257
Zucker	15 00	0.44	15 000	6 600
Kartoffel	110,00	0,075	110 000	8 250
Erbsen	0,70	0,46	700	322
Bohnen	0,64	0,53	640	392
Linsen	0,41	0,57	410	233
Hülsenfrüchte	1,75	—	1 750	894
Reis	2,10	0,61	2 100	1 281

[1] Entnommen: R. E. May. Die deutsche Volksernährung, gemessen am tatsächlichen Konsum großer Konsumentenkreise. Duncker & Humblot 1917. S. 193 ff.

[2] Entnommen: R. E. May. Kosten der Lebenshaltung und Entwicklung der Einkommensverhältnisse in Hamburg seit 1890 in Schriften des Vereins für Sozialpolitik Bd. 145. IV. S. 512 ff.

[3] Die wesentlich geringeren Zahlen gegenüber den im Text angeführten erklären sich 1. dadurch, daß hier nur 1 000 000 Einwohner berücksichtigt sind gegenüber 1 200 000 dort, 2. dadurch daß hier nur ein Fleischverbrauch von 38,5 kg pro Kopf gegenüber 55 kg berücksichtigt ist. Der Fleischverbrauch pro Kopf entspricht dem bei den Haushaltsrechnungen ermittelten Verbrauch. Der Gesamtverbrauch ist sowohl dem Gewicht, wie dem Wert nach höher als die hier angegebenen Zahlen, da von der wohlhabenden Bevölkerung größere Mengen, insbesondere Fleisch, und bessere Qualitäten konsumiert werden, wie bei der Bevölkerungsklasse, aus deren Kreisen die Haushaltsrechnungen entnommen wurden. Man darf unter Berücksichtigung dieses Umstandes und der verschiedenen Schichtung der Altersklassen bei der Gesamtbevölkerung den Gesamtverbrauch dem Gewicht und dem Werte nach um etwa 10—20 % höher schätzen als die hier angegebenen Zahlen.

Druck von J. J. Augustin in Glückstadt und Hamburg.

MIX
Papier | Fördert gute Waldnutzung
FSC® C083411

Zeitfracht Medien GmbH
Ferdinand-Jühlke-Straße 7
99095 Erfurt, Deutschland
produktsicherheit@kolibri360.de